Matthias Thomsen

Lenzrosen

Haupt Verlag

– für Ursula –

Matthias Thomsen

Lenzrosen

Die Wildarten – Schönheiten für jeden Garten

Haupt
NATUR

Matthias Thomsen (* 1949) studierte an der Universität Freiburg im Breisgau Anglistik und Geowissenschaften mit Schwerpunkt Geoökologie und Klimatologie. Von 1977 bis 2012 arbeitete er als Gymnasiallehrer in Waldshut. Von 1982 an beschäftigte er sich intensiv mit der Gattung Hemerocallis, zu der er etliche gartenbauliche Fachartikel schrieb; im Jahre 1996 war er Mitbegründer der internationalen Pflanzengesellschaft „Hemerocallis Europa". Seit 1995 erforscht er in privatwissenschaftlicher Tätigkeit die europäischen Vertreter der Gattung Helleborus mit insgesamt 46 Forschungsreisen zu über 500 Wildstandorten dieser Pflanzen.

MIX
Papier aus verantwortungsvollen Quellen
FSC® C014138

1. Auflage: 2022

ISBN 978-3-258-08275-2

Umschlaggestaltung: Werkstatt Medien-Produktion GmbH, D-Göttingen
Gestaltung, Satz und Illustrationen: Matthias Thomsen, D-Waldshut

Wir verwenden FSC®-Papier. FSC® sichert die Nutzung der Wälder gemäß sozialen, ökonomischen und ökologischen Kriterien.

Gedruckt in der Tschechischen Republik

Diese Publikation ist in der Deutschen Nationalbibliografie verzeichnet. Mehr Informationen dazu finden Sie unter http://dnb.dnb.de.

Der Haupt Verlag wird vom Bundesamt für Kultur für die Jahre 2021–2024 unterstützt.

Wir verlegen mit Freude und großem Engagement unsere Bücher. Daher freuen wir uns immer über Anregungen zum Programm und schätzen Hinweise auf Fehler im Buch, sollten uns welche unterlaufen sein. Falls Sie regelmäßig Informationen über die aktuellen Titel im Bereich Natur & Garten erhalten möchten, folgen Sie uns über Social Media oder bleiben Sie via Newsletter auf dem neuesten Stand.

www.haupt.ch

Inhalt

Vorwort

Aus zunächst reiner Begeisterung für die gärtnerischen Gestaltungsmöglichkeiten mit Gartenhybriden der Lenzrosen entfaltete sich bei mir zunehmend eine tiefe Faszination an den Wildarten, und so entstand ganz von selbst ein jahrzehntelanges engagiertes Projekt zur Erforschung der europäischen wilden Lenzrosen, der Sektion *Helleborastrum* innerhalb der Gattung *Helleborus*.

Ganz ähnlich entwickelte sich auch die Idee zu diesem Buch aus einer zunächst vagen Ahnung zu immer konkreter werdenden Vorstellungen, die sich nun in diesem vorliegenden Buch verwirklichen. Eine große Fülle an wertvollen neuen Erkenntnissen möchte weitergegeben werden an Gartenbegeisterte und an alle, die sich für Pflanzen interessieren. Und es soll gezeigt werden, welche Gartenschätze aus einem bisherigen gärtnerischen Schattendasein ans Licht und in unsere Gärten geholt werden können. Der gärtnerische Wert der Lenzrosenwildarten kann nur ermessen werden und sich erst dann angemessen entfalten, wenn diese Pflanzen und ihre Qualitäten möglichst vielen Gartenbegeisterten wirklich bekannt sind. Dieses Buch soll in Wort und Bild ein Versuch sein, dazu einen Beitrag zu leisten.

Die konsequente Entwicklung meiner Leidenschaft über die Gartenhybriden hinaus hin zu den Wildarten der Lenzrosen, eröffnete den Weg für ein Zusammenwachsen dessen, was für mich zusammen gehört, nämlich Freude und Interesse an Pflanzen, Freude am Reisen und Freude am Entdecken und am Forschen in der freien Natur. Und waren es anfangs kurze Abstecher in die Berge während Urlaubsreisen mit der Familie in Italien, so wurden daraus sehr rasch ganz eigenständige Unternehmungen, ja wahre Expeditionen. Während dieser Reisen im April ist es oft noch oder wieder kalt, häufig liegt in den Bergen noch zäher Altschnee oder es fällt später Neuschnee, und es kann im klimatischen Einflussbereich des Mittelmeerraumes mitunter noch sehr regnerisch und auch stürmisch sein.

Ich habe beispielsweise eine Reise fest geplant, vor Reisebeginn herrscht auf dem gesamten westlichen Balkan drei Wochen lang mildes Vorfrühlings- und Frühlingswetter, genau an dem Abreisetag jedoch nähert sich von Nordosten her eine mächtige Kaltfront, die binnen Stunden die Landschaft, die ich bereisen und erforschen möchte, tief mit Schnee verhüllt. Oder es regnet tagelang, verbunden mit Sturm bei fünf Grad über Null, sodass ich überhaupt nicht aus dem Auto aussteigen mag, und wenn ich es dann irgendwann doch tue, ist das Auto innen bald genau so nass wie außen, von der alles durchdringenen Kälte ganz zu schweigen. Und dann wieder gibt es die Reisen mit zauberhaften Frühlingstagen und all jenen Zutaten, die das Wesen des Frühlings ausmachen.

Ich übernachte, wo mich entlang der geplanten Strecke gerade der Spätnachmittag oder der Abend überholen will, genieße die herzliche Gastfreundschaft in privaten Unterkünften oder nehme notgedrungen die uniforme Tristesse manch seelenloser Hotels in Kauf. Immer dabei aber ist die Vorfreude auf den nächsten Tag, auf neue Entdeckungen, auf ungeahntes Neues.

Und so kauere ich anderntags wieder an einem Waldrand auf einer mageren Wiese, fotografiere aufwendig mit Stativ, vollkommen selbst- und zeitvergessen eine interessante Pflanze, als sich unvermittelt ein bleierner Schatten auf mich legt und ein „unendlich“ schweres Gewicht auf meine Schulter. Panisch fahre ich herum und gewahre über mir, geblendet vom Sonnenlicht, das herzlich lächelnde Gesicht eines hühnenhaften örtlichen Bauern, der in seiner Sprache wohl fragt, ob er helfen könne. Und es entspinnt sich ein Dialog in babylonischer Sprachverwirrung – und zugleich völligem gegenseitigem Verständnis: Man dürfe die Pflanzen nicht essen, sie seien giftig und ein schreckliches Unkraut auf Wiesen und Weiden ... und eigentlich sollte man sie alle ausreißen. Und dann verschwindet er wieder, für mich genauso geräuschlos und spurlos, wie er scheinbar aus dem Nichts gekommen war. Als ich nach einer sehr langen Stunde zurückkomme zu meinem Auto am Rande des schmalen Feldwegs, begrüßt mich auf der Windschutzscheibe ein kleiner Strauß mit *Helleborastrum*-Blüten ...

Danken möchte ich den vielen Menschen, die ich in freundschaftlichen und bereichernden Begegnungen in all den bereisten Landschaften kennen und schätzen lernen durfte.

Danken möchte ich Will McLewin, mit dem ich seit dem Jahre 2002 insgesamt 13 gemeinsame *Helleborastrum*-Forschungsreisen unternommen hatte. Auf diesen Reisen untersuchten wir gemeinsam sehr viele Pflanzenstandorte, analysierten bestehende taxonomische Probleme, und versuchten, konzeptionelle Lösungen zu entwickeln. Dies, gepaart mit unterschiedlichen Ansätzen und unterschiedlicher persönlicher Wahrnehmung, – *alles Sehen ist perspektivisch** – führte im Laufe vieler Jahre zu teilweise gemeinsamen, teilweise sehr divergierenden Vorstellungen von einer überzeugenden Klassifikation für *Helleborastrum*, die aber eine gemeinsame Basis hatten in einem zentralen Gedanken, dem später hier vorzustellenden Artkonzept. Es entstanden auch Kernbereiche einer gemeinsamen englischsprachigen Fassung des *Helleborastrum*-Problems mit einer angemessenen und praktikablen Lösung.

Danken möchte ich meinem Sohn Niklas, der meine botanische Leidenschaft teilt, und mit dem ich gemeinsam zwei ausgedehnte Forschungsreisen unternehmen konnte. Er hat wichtige Beobachtungen und bedeutsame Fotos zu diesem Buch beigetragen.

Danken möchte ich meinem Freund Urs Baltensperger, heute Inhaber von „Edelweiss Perennials“ in Oregon, USA, der als Obergärtner in der ehemaligen Staudengärtnerei Hansuli Friedrich in der Schweiz mich mit den Gartenhybriden und anschließend erstmals mit den Wildarten bekannt machte, und der mich auch auf die Spur von Will McLewin setzte.

Danken möchte ich Sabine Roth und Barbara Wüthrich von den Merian Gärten in Basel, sowie Michael Dreisvogt von der Stiftung Arboretum Park Härle in Bonn für die Aufpflanzung und wissenschaftliche Betreuung jeweils eines Duplikats meiner Sammlung zuverlässig echter Wildarten, die dort nun einer interessierten Öffentlichkeit zugänglich sind.

Und schließlich – und vor allem – danke ich meiner viel zu früh verstorbenen Lebenspartnerin Ursula, die meine botanische Leidenschaft stets in liebevoller Weise begleitet und unterstützt hat, und die mich immer wieder ermutigt und letztlich überzeugt hat, dieses Buch zu schreiben. Ihr widme ich diese Arbeit in Liebe und Dankbarkeit.

Abschließend bleibt mir zu sagen, dass eine solche Forschungsanstrengung angesichts des großen Verbreitungsgebietes und vieler bisher nicht untersuchter Regionen eigentlich wiederum nur ein vorläufiges – wenn auch für mich zunächst zufriedenstellendes – Ergebnis sein kann, ... und dass man in zwanzig Jahren vielleicht bessere Erkenntnisse hat als heute.

Und so können wir sagen, dass dort, wo sich zukünftig möglicherweise neue Fragen stellen werden, wir getrost noch etwas Arbeit übrig lassen können für nachfolgende Generationen.

* Zitat Friedrich Wilhelm Nietzsche

Einführung

Zu dem Thema *Helleborus* gibt es eine Reihe von Publikationen als gartenbauliche oder wissenschaftliche Beiträge in Fachzeitschriften, wie auch als Monografien mit vorwiegend gartenbaulichen Schwerpunkten (S. 216).

Die Monografie „*Hellebores*“ von Brian Mathew (antiquarisch erhältlich) aus dem Jahre 1989 war bislang die beste Grundlage zum Verständnis der Klassifikation von *Helleborus*.

In einem kurzen Beitrag in dem Buch „*Hellebores*“ von Colston Burrell und Judith Knott Tyler (USA, 2006) hatte ich aber bereits darauf hingewiesen, dass die laufende Feldforschung zu einer Klärung und vermutlich zu einer Neuordnung der Klassifikation führen wird.

Das jüngste Buch zu den Wildarten unter dem Titel „*Helleborus and the Helleborastrum Problem*“ von Will McLewin (2019) ist in Teilen das Ergebnis langjähriger Diskussionen zwischen Will McLewin und mir. Mit etlichen Aussagen des Buches stimme ich jedoch nicht überein.

Große Teile der Wildarten-Kapitel in der bis heute im deutschsprachigen Raum verfügbaren *Helleborus*-Literatur (zum Beipiel Ahlburg 1989, siehe Literaturhinweise, S. 216) müssen unter sachlichen Gesichtspunkten leider als lückenhaft bezeichnet werden, vieles dort ist objektiv fehlerhaft oder irreführend, manches grenzt gar an groben Unfug. Die hiermit vorgelegte neue Monografie will seriös und fachkundig informieren und neue Erkenntnisse allgemein zugänglich machen. Sie richtet sich an alle – Gärtnerinnen und Gärtner, Botaniker und Botanikerinnen –, die Interesse an *Helleborus* und an *Helleborastrum* haben, ist evidenzbasiert durch 25-jährige Feldforschung, und will Interesse und Freude an den Wildarten wecken, und zu einem allgemein besseren Verständnis von *Helleborastrum* beitragen.

Um Pflanzenarten innerhalb einer Gattung zu beschreiben, werden Unterscheidungsmerkmale der Pflanzengestalt genutzt, sogenannte morphologische Merkmale. Daher ist der Morphologie der hier untersuchten Pflanzen, ein großes Kapitel gewidmet mit vielen Abbildungen und Illustrationen.

Anlass für ein genaueres Nachforschen innerhalb der Lenzrosenwildarten waren für mich zunächst große Irritationen auf ausgedehnten botanischen Reisen in Südeuropa und auf dem Balkan, wo ich immer wieder auf erhebliche Widersprüche stieß zwischen der bisherigen Einteilung und Beschreibung der *Helleborastrum*-Arten und der für mich faktisch wahrnehmbaren Realität in der Natur. Die Beschreibungen passten vielfach nicht zu dem, was ich dort tatsächlich fand, und eine eindeutige Zuordnung war oftmals kaum oder gar nicht möglich.

„Mit dem Wissen wächst der Zweifel“

Gemäß diesem Bekenntnis von Johann Wolfgang von Goethe entwickelte sich bei mir zunächst große Skepsis, und dann die Einsicht, dass frühere Publikationen zu dem Thema *Helleborastrum* erstens jeweils mit einem nicht klar definierten Begriff der botanischen Art operieren, und zweitens, und vor allem, dass die meisten Autoren bei weitem nicht genügend Feldforschung betrieben hatten, um die notwendige Gesamtübersicht über die Sektion *Helleborastrum* gewinnen zu können.

So hat es sich ergeben, dass ich seit nunmehr 25 Jahren über 100 000 Straßenkilometer zurückgelegt habe auf insgesamt 46 botanischen Forschungsreisen in großen Teilen Südeuropas. Dabei habe ich über 500 Wildstandorte gefunden, untersucht und gründlich dokumentiert, teilweise mehrfach und über viele Jahre, da Populationen sich über längere Zeiträume hinweg mitunter sehr stark verändern können.

Vor Ort beginnt meine botanische Feldforschung mit der Suche nach Populationen in geeigneten Landschaften. Dabei fahre ich sehr langsam über kleine, abgelegene Bergstraßen oder befahrbare Wege während aus den Augenwinkeln die Umgebung gescannt wird nach „verdächtigen“ Blättern oder Blüten. Es gibt enttäuschende, unergiebige Tage, und tags darauf dann vielleicht schöne Funde, gar Überraschungen.

Und so sammelt sich sehr viel Erfahrung an und auch ein Gespür dafür, wo *Helleborastrum*-Populationen zu finden sein können, und wo eher nicht.

Die hiermit vorgelegte Monografie bietet also Information und Dokumentation aus erster Hand und ist das Ergebnis jahrelanger Studien und sehr genauer Beobachtung und damit einer fachlichen Kompetenz, die gründlich erarbeitet und erworben worden ist. Zugleich bleibe ich mir stets eigener Erfahrungslücken bewusst, und erwarte, dass weitere gezielte Untersuchungen neue, weiterführende Einsichten hervorbringen werden.

Im Zuge dieser Feldforschung habe ich bereits im Jahre 2000 in Italien zwei große Populationen von wilden Lenzrosen gefunden, die sich konstant und deutlich von allen anderen Arten unterscheiden, sodass einerseits *H. abruzzicus* und andererseits *H. liguricus* als neue Arten beschrieben werden konnten, und heute international als solche anerkannt sind.

Bislang habe ich geforscht in den Ländern Albanien, Andorra, Bosnien und Herzegowina, Deutschland, Frankreich, Griechenland, Italien, Kroatien, Montenegro, Rumänien, Schweiz, Serbien, Slowenien, Spanien und Ungarn. Bisher nicht besucht habe ich die Länder Bulgarien, Georgien, Moldawien, Polen, Russland, Slowakei, Tschechien, Türkei und die Ukraine.

Zusätzlich zu der umfangreichen Feldforschung kultiviere ich seit vielen Jahren eine Sammlung aller bislang bekannten europäischen Lenzrosenwildarten, die aus Samen vom Naturstandort gezogen wurden, um diese während des gesamten Jahreszyklus beobachten und dokumentieren zu können.

Jeweils ein Duplikat des wesentlichen Teils dieser Sammlung befindet sich im Eigentum der Christroph Merian Stiftung in den Merian Gärten in Basel, sowie der Stiftung Arboretum Park Härle in Bonn-Oberkassel. Die Sammlungen sind dort öffentlich zugänglich.

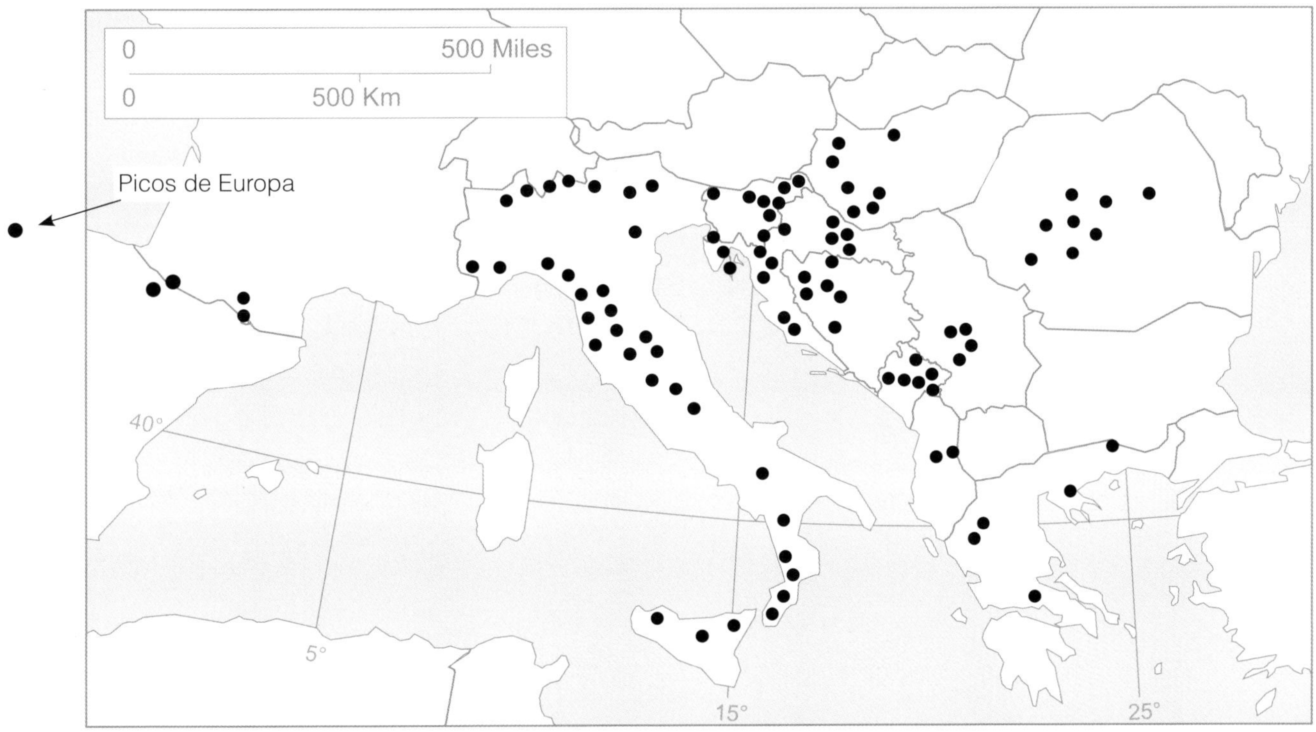

Die Punkte in der Karte bezeichnen Regionen, in denen ich insgesamt über 500 Lokalpopulationen von *Helleborastrum* dokumentiert habe. Viele dieser Populationen wurden über viele Jahre hinweg mehrfach aufgesucht und studiert.

Mitte April in Bosnien und Herzegowina; extensives Weideland, 1200 m

Ende April in Montenegro, 950 m

Mitte April in Kroatien, 800 m

Teil 1 Die Unübersichtlichkeit der Lenzrosenarten

Einleitende Gedanken

In dem ersten Teil dieses Buches liegt das Hauptaugenmerk auf der Beschreibung und der unmittelbaren Erklärung des Problems, das sich aus dem Spannungsverhältnis zwischen der in der Natur wahrnehmbaren Realität in der Sektion *Helleborastrum*, und der bisherigen Einteilung der Arten ergibt.

Dieses Problem soll hier zunächst so klar wie möglich gezeigt, und anschließend in einer Präsentation dokumentarischer Fotografien sichtbar und damit deutlich gemacht werden.

Meine Hoffnung wäre, dass bereits die Bilder ganz eigenständig die Ursache für das Problem überzeugend genug aufzeigen können.

Dabei bin ich mir sehr bewusst, dass zwar die dokumentarischen Bilder an sich nicht „lügen“ oder manipulieren, dass ich selber aber bei der Auswahl meiner Motive in der Natur, wie auch bei der Auswahl der hier gezeigten Bilder aus einem Fundus von insgesamt über 5000 Bildern von Naturstandorten, nie vollkommen objektiv sein kann: Jede Wahrnehmung und erst recht jede Auswahl ist perspektivisch und folgt in der Tendenz unbewusst der Sichtweise und der Ansicht und auch der Absicht dessen, der es tut. Dieser möglicherweise manipulativen Tendenz bei der Bildauswahl bin ich mir sehr bewusst, und habe mich daher jeweils bemüht, eine möglichst objektive Bildauswahl zu präsentieren.

Das Problem der Unübersichtlichkeit der Lenzrosenarten aufgrund großer morphologischer Variation: Sammlung von Blütenständen aus einer kleinen lokalen Population in Montenegro

Das Problem
In der Literatur finden wir bei Viktor Schiffner 1891 (vgl. Literaturhinweise S. 216) 15 beschriebene Arten. 1973 beschreibt Zlatan Martinis in Analiticka flora Jugoslavije (vgl. Literaturhinweise S. 216) alleine für das frühere Jugoslawien acht Arten mit insgesamt 28 Formen. 1989 beschreibt Brian Mathew in seiner umfassenden Monografie (vgl. Literaturhinweise S. 216) neun Arten mit insgesamt neun Unterarten.

Online finden wir derzeit 14 Arten mit fünf Unterarten, was offensichtlich an Statusveränderungen einiger Unterarten, wie auch an neu hinzugekommenen Arten liegt.

Wer nun viele der Artbeschreibungen direkt und sorgfältig mit der Realität in der Natur vergleicht, wird zunächst irritiert sein, dann zweifeln und schließlich möglicherweise verzweifeln, jedenfalls aber den ordnenden Wert der gegenwärtigen, in weiten Teilen nicht funktionierenden Einteilung hinterfragen.

Die Populationen der jeweiligen bisherigen Arten am Naturstandort weisen eine derartig große Variabilität der Pflanzengestalt (Morphologie) von Pflanze zu Pflanze auf, dass dadurch schlicht die bisherigen Artbeschreibungen mit den wahrnehmbaren Realitäten der Populationen und der Pflanzen in der Natur nicht übereinstimmen können.

Gründe für das Problem
Ein Teil des Problems ist vermutlich entstanden, weil das gesamte Verbreitungsgebiet der Sektion *Helleborastrum* recht groß ist, und weil tatsächlich sehr viel aufwändige Feldforschung notwendig ist, um eine umfassende Übersicht zu bekommen, auf die eine hinreichend fundierte Ordnung und Einteilung aufgebaut und begründet werden kann. Viele Autoren der Vergangenheit haben, aus welchen Gründen auch immer, bei weitem nicht genügend gezielte Feldforschung betrieben, mit der sie diese unabdingbare Gesamtübersicht hätten erlangen können. Heute ist Reisen sehr viel schneller und weniger strapaziös als zu den Zeiten früherer Feldforschung.

Pflanzengestalt – Morphologie
Da klassische Artbeschreibungen auf der Grundlage morphologischer Merkmale vorgenommen werden, wird der Morphologie, also der beobachtbaren Pflanzengestalt der Lenzrosen, hier zu Beginn in Teil 1.2 entsprechend angemessener Platz eingeräumt, damit die Probleme mit der bisherigen Einteilung, sowie die in Teil 3 folgenden Artbeschreibungen im Detail möglichst eindeutig, und in verständlicher Weise nachvollziehbar sind.

Irritierend: Zwei typische regionale Vertreter von *H. multifidus ssp. bocconei* nach Mathew (1989): Links in Mittelitalien, rechts in Süditalien:

1.1 Die Gattung *Helleborus*

Helleborus ist eine von circa 62 Gattungen innerhalb der Familie der Ranunculaceae (Hahnenfußgewächse). Die Gattung selbst gliedert sich klar in sechs Sektionen, die im Inneren jeweils verbunden sind durch eine gemeinsame morphologische Grundstruktur, eine gemeinsame Kreuzungsfähigkeit mit fertilen Nachkommen, sowie eine gemeinsame Morphologie der Pollen und der Samen. Innerhalb der Gattung sind durch diese Merkmale die Sektionen eindeutig von einander abgegrenzt.

Die Sektionen sind:

Chenopus: (2 Arten)	*Helleborus lividus* *Helleborus argutifolius*
Griphopus: (monotypisch)	*Helleborus foetidus*
Syncarpus: (monotypisch)	*Helleborus vesicarius*
Helleborus: (monotypisch)	*Helleborus niger*
Dicarpon: (monotypisch)	*Helleborus thibetanus*
Helleborastrum: (mehrere Arten)	(siehe Diagramm S. 19)

Zwei Gruppen innerhalb der Gattung:

Die Gattung kann ebenfalls aufgeteilt werden in zwei morphologisch unterschiedliche Gruppen:

- **rhizombildend:** *Syncarpus, Helleborus, Dicarpon, Helleborastrum*
  – Pflanzen bilden am Kurztrieb nur jeweils ein oder zwei Laubblätter
- **stammbildend:** *Chenopus, Griphopus*
  – Pflanzen bilden am Langtrieb zahlreiche Blätter

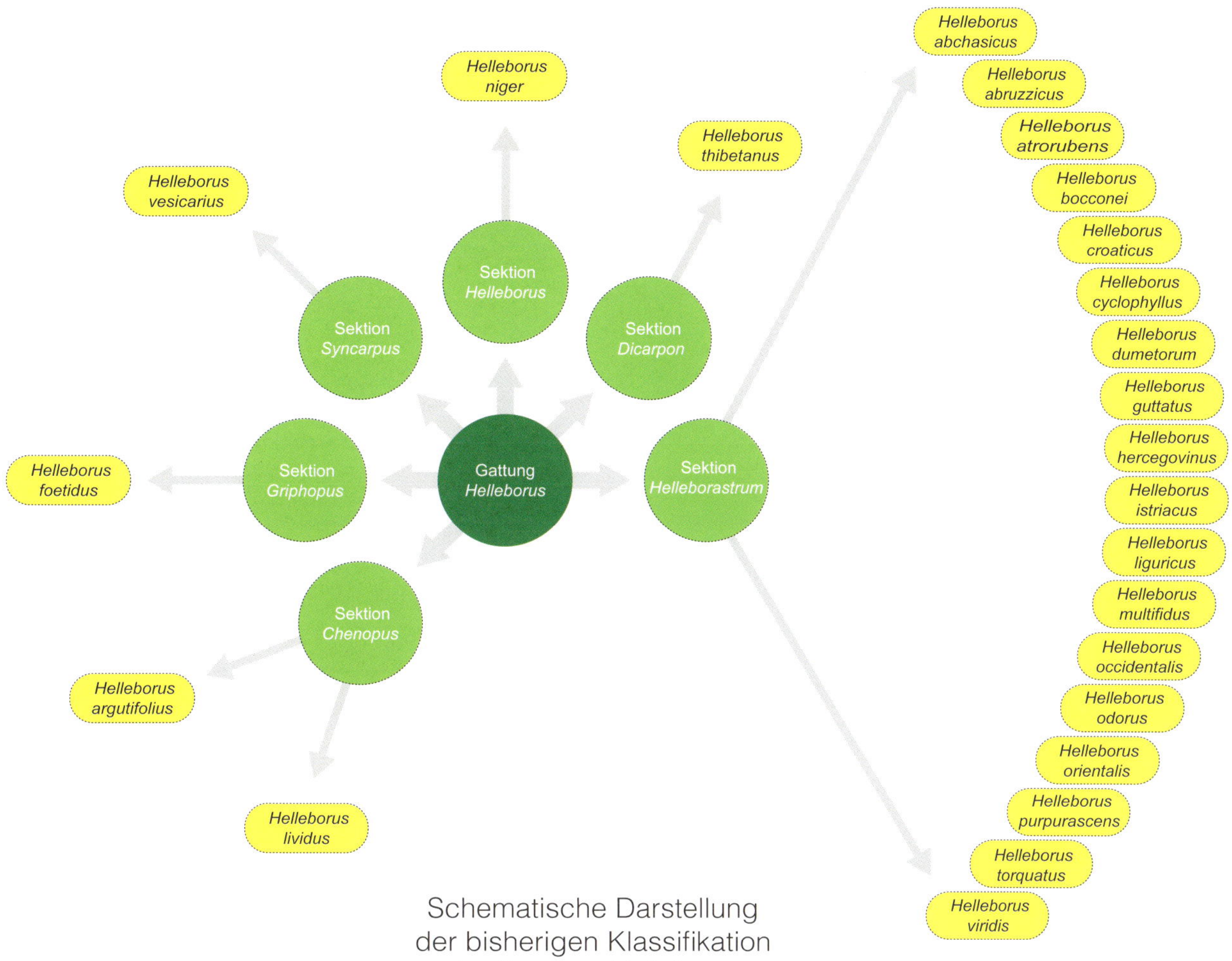

Schematische Darstellung
der bisherigen Klassifikation
der Gattung *Helleborus*
mit 18 Spezies
innerhalb der Sektion *Helleborastrum*

Verbreitungsgebiete der Sektionen der Gattung *Helleborus*

***Chenopus*:**	Balearen, Korsika, Sardinien
***Griphopus*:**	Iberische Halbinsel, Balearen, südliches West- und Mitteleuropa, Italien
***Syncarpus*:**	nordwestliches Syrien und angrenzende Gebiete in der Türkei
***Helleborus*:**	Deutschland (Berchtesgadener Land), Österreich (Salzburger Land), Schweiz (Tessin), Norditalien, Slowenien, Kroatien
***Dicarpon*:**	China (Provinz Sichuan und angrenzende Provinzen)
***Helleborastrum*:**	südliches Mitteleuropa, Westeuropa, Südeuropa, Südosteuropa, südwestliches Osteuropa, Türkei, Georgien, russischer Kaukasus

1.2 Die Morphologie der Lenzrosenarten

1.2.1 Struktur und Gestalt der Grundorgane der Lenzrosen

Als Grundorgane bezeichnet man Spross, Blatt und Wurzel. Die Sprossachse ist aufgeteilt in den unterirdischen Kurztrieb (Rhizom) und den oberirdischen Langtrieb (Blütenstand). Die Blätter sind sowohl die Laubblätter, die dem Rhizom, also dem unterirdischen Kurztrieb, entspringen, als auch die nach oben hin zunehmend kleineren Hochblätter, hier Tragblätter, unter jeder Verzweigung des Blütenstandes, also dem Langtrieb. Die Wurzeln bilden sich jährlich neu an den jeweiligen jungen Rhizomzweigen.

Beispiel: *H. occidentalis*
Mitte März mit frisch austreibenden Laubblättern

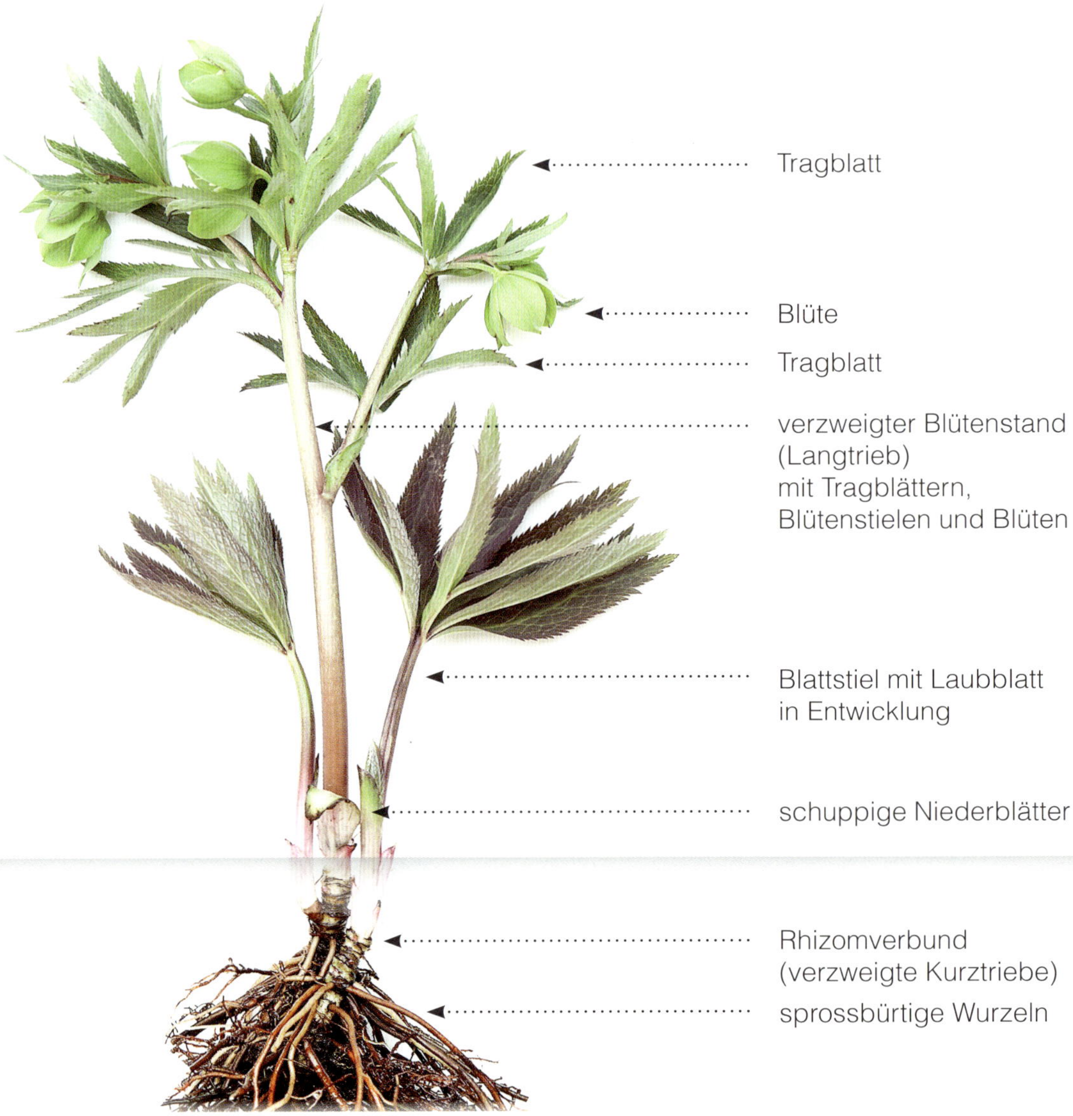

Strukturschema der Grundorgane der Lenzrosen

Im ersten Jahr der jeweiligen Sprossentwicklung bildet sich das kurze Rhizom mit einem grundständigen Laubblatt und einer terminalen Knospe für den Langtrieb in der Blattachsel des Laubblattes, der sich im zeitigen Frühjahr des zweiten Jahres zum Blütenstand entwickelt. Der oberirdische Langtrieb stirbt nach der Samenreife ab, während jeder unterirdische Kurztrieb etliche Jahre überdauert und seitliche Knospen bilden kann für weitere Rhizomverzweigungen.

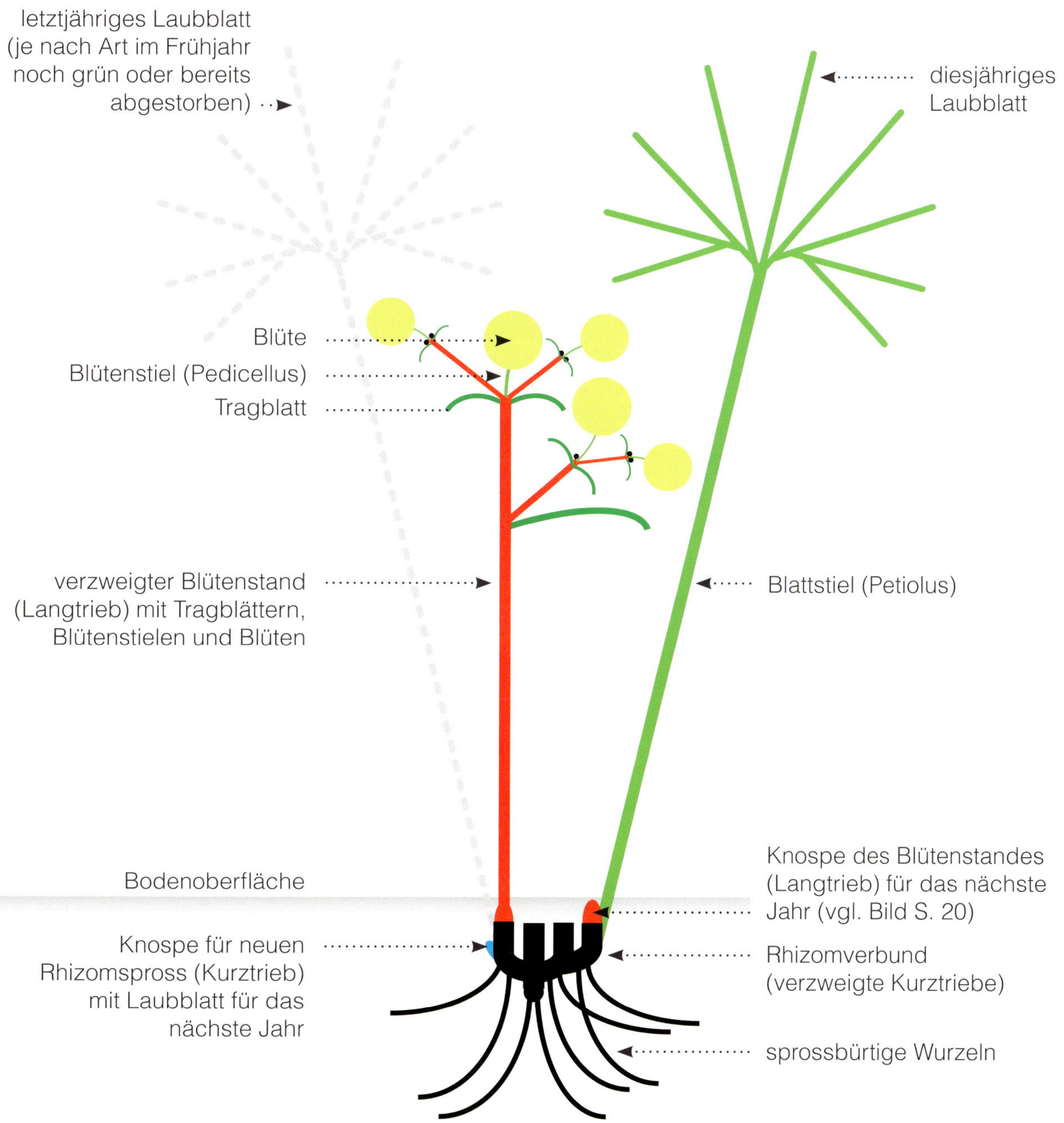

1.2.2 Struktur und Gestalt des Rhizoms bei Lenzrosen

Der Rhizomverbund besteht aus einem System mehrfach verzweigter unterirdischer Sprossachsen, die hier die Kurztriebe bilden. Diese können viele Jahre überdauern, und immer wieder aus schlafenden Knospen in den Achseln der längst abgestorbenen unterirdischen Niederblätter neue Seitenäste entwickeln. Die schuppigen weißlichen Niederblätter (vgl. Bild unten) schützen anfangs den unterirdisch wachsenden Kurztrieb, sterben dann aber bald ab und hinterlassen am Kurztrieb deutlich erkennbare ringförmige Blattnarben. Hier entwickeln sich die neuen Rhizomsprosse (vgl. Seite 21, Bild rechts unten).

Eine Wurzelachse in Form einer Primärwurzel wie bei *Helleborus foetidus* ist bei *Helleborastrum* nicht vorhanden, stattdessen bilden sich jährlich neue Wurzeln an den Internodien der neu entstehenden Kurztriebe. Diese werden als Adventivwurzeln bezeichnet, und sind das Ergebnis der Fähigkeit des jungen Kurztriebs (Rhizomspross), sich selbst zu bewurzeln.

Beispiel *H. occidentalis:* verzweigter Rhizomverbund mit drei Generationen von Kurztrieben (Rhizome)

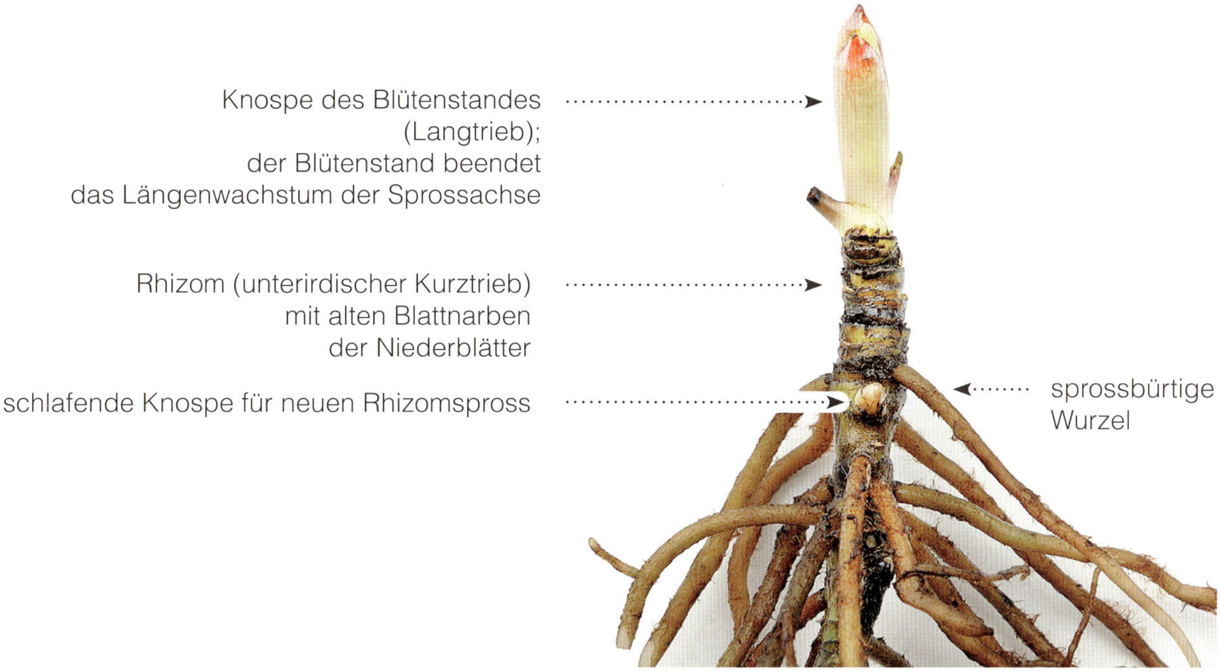

Beispiel *H. occidentalis:* Spross im Spätwinter

Beispiel *H. lividus*: Oberirdischer Langtrieb (trägt Blätter und Blütenstand) mit sprossbürtiger Luftwurzel am Internodium.

Beispiel *H. orientalis:* Rhizomverbund im Frühling mit Ansätzen der Blattstiele und Langtriebe (Blütenstände). Mehrere schlafende Rhizomspross-Knospen sowie rechts ein sich entwickelnder Rhizomspross, an dem sich ein oder zwei Laubblätter bilden werden.

1.2.3 Struktur und Gestalt des Blattes in der Gattung *Helleborus*: Verzweigungsstruktur des zusammengesetzten Blattes

Beispielhaft für die Verzweigungsstruktur des zusammengesetzten Blattes in der Gattung *Helleborus*: Blättchenverbund bei *H. niger*

C = zentrales Teilblättchen

L1 = linker Zweig von C — **R1** = rechter Zweig von C

L2 = linker Zweig von L1 — **R2** = rechter Zweig von R1

L3 = linker Zweig von L2 — **R3** = rechter Zweig von R2

L4 = linker Zweig von L3 — **R4** = rechter Zweig von R3

Teilblättchen C:	-> zuerst ein Zweig nach links, dann ein Zweig nach rechts
Teilblättchen L1 bis L3:	-> jeweils ein Zweig nach links
Teilblättchen R1 bis R3:	-> jeweils ein Zweig nach rechts
Teilblättchen L4 und R4:	-> keine weitere Verzweigung

Strukturell pedate und wechselständige Verzweigung der Blätter in der Gattung *Helleborus*

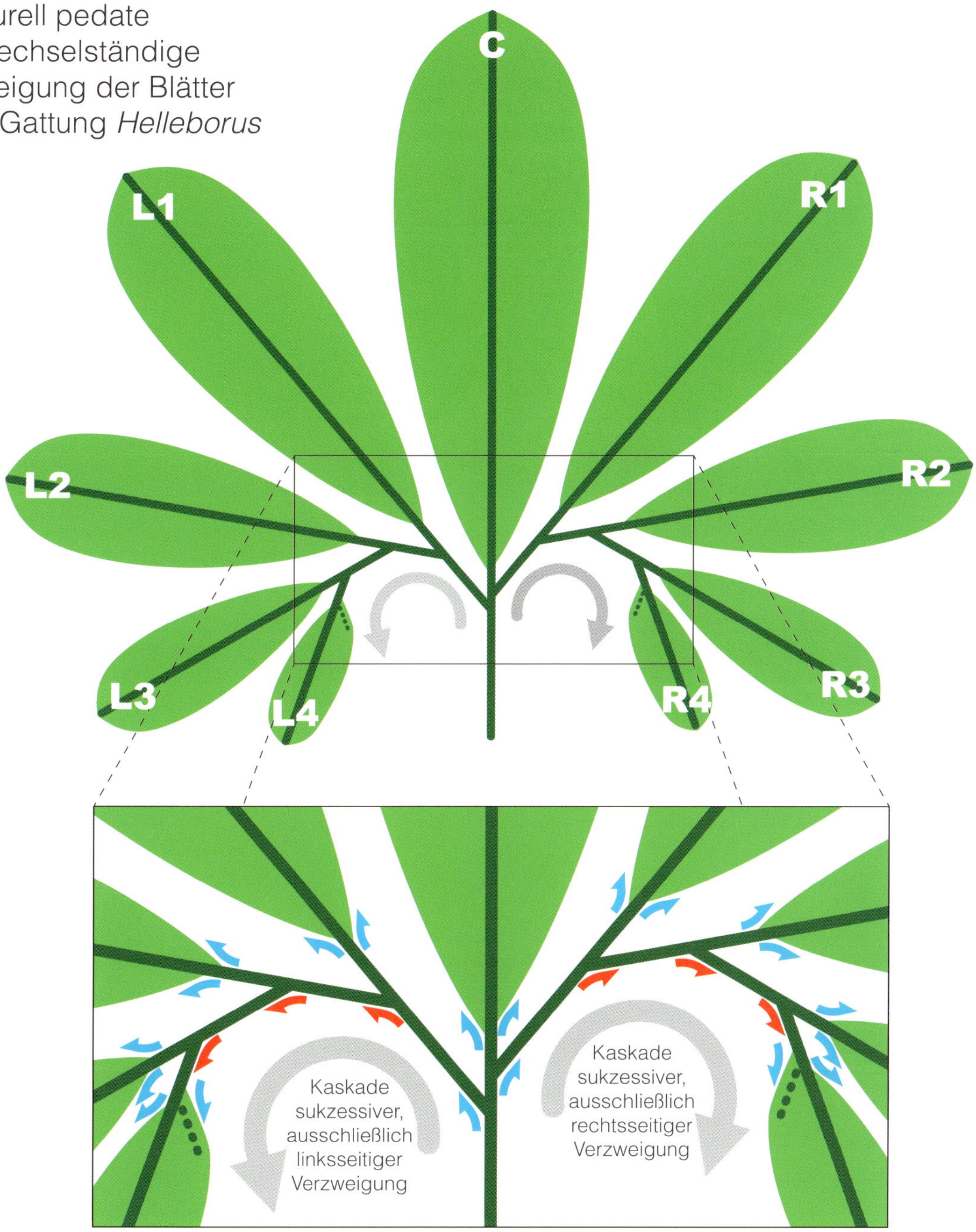

rote Pfeile zeigen fortlaufende links-, bzw. rechtsseitge (katadrome) Verzweigung der Stiele (Mittelrippen) der Teilblättchen. Die Verzweigung ist pedat (fußförmig).

blaue Pfeile zeigen links-rechts alternierende (wechselständige) Verzweigung der zentralen Blattachse und der Ansätze der Blattspreiten (Lamina) – letzteres sehr deutlich erkennbar auch in der Fotografie links.

- alle Blätter der Gattung *Helleborus* sind, wie oben gezeigt, grundsätzlich pedat (fußförmig) verzweigt. Bei scheinbar palmat (handförmig) verzweigten Blättern (vgl. „reales Blatt", S. 22) liegen die Verzweigungspunkte so dicht beieinander, dass die grundsätzlich pedate Struktur nicht erkennbar ist.
- alle Blätter der Gattung *Helleborus* haben grundsätzlich eine wechselständige Verzweigungsstruktur.

Einfache bis komplexe Verzweigung des Blattes bei *Helleborastrum*
Alle Pflanzen in der Gattung *Helleborus* haben zusammengesetzte Blätter, die aus unterschiedlich großen Anzahlen von Teilblättchen bestehen, welche mitunter sogar jeweils einen eigenen kurzen Blattstiel (siehe *H. niger*, S. 22) haben können. In dieser zusammengesetzten Struktur sind oftmals die einzelnen Mittelrippen der Teilblättchen, und damit die Teilblättchen selbst, wieder verzweigt. Es ist abhängig von dem Ausmaß, in dem sich die Teilblättchen weiter verzweigen, ob ein Blatt sehr viele Teilblättchen aufweist oder nur wenige.
Die ersten Primärblätter von *Helleborastrum*-Sämlingen besitzen normalerweise drei Teilblättchen, manchmal aber auch nur zwei oder auch mehr als drei. Die Primärblätter der beiden Arten *H. argutifolius* and *H. lividus* bestehen regelmäßig jeweils aus nur einem Teilblättchen.
Die Blattverzweigung steigert sich vom Sämlingsstadium bis zur ausgewachsenen Pflanze, und ist bei erwachsenen Pflanzen auch stark abhängig von den Wachstumsbedingungen am Ort. Innerhalb der Gattung variiert die Anzahl der Teilblättchen stark von 3 bis zu über 150. In einem Extremfall bei *H. hercegovinus* konnte der Autor 320 (!) Teilblättchen zählen (Bild S. 128). Ein echtes Teilblättchen unterscheidet sich von einem großen „Zahn" am Blattrand durch eine deutlich erkennbare Mittelrippe an der Blattunterseite, die bei dem „Zahn" (vgl. S. 30) fehlt.

Drei Grundtypen morphologischer Ausprägung des Blattes: (3 Diagramme diese Doppelseite)
Typ 1: zwei Zweige (rot) am zentralen Teilblättchen -> Zweige selbst unverzweigt
Typ 2: vier Zweige (rot) am zentralen Teilblättchen -> Zweige selbst mäßig weiter verzweigt
Typ 3: sechs Zweige (rot) am zentrale Teilblättchen -> Zweige selbst oft stark weiter verzweigt

Typ 1

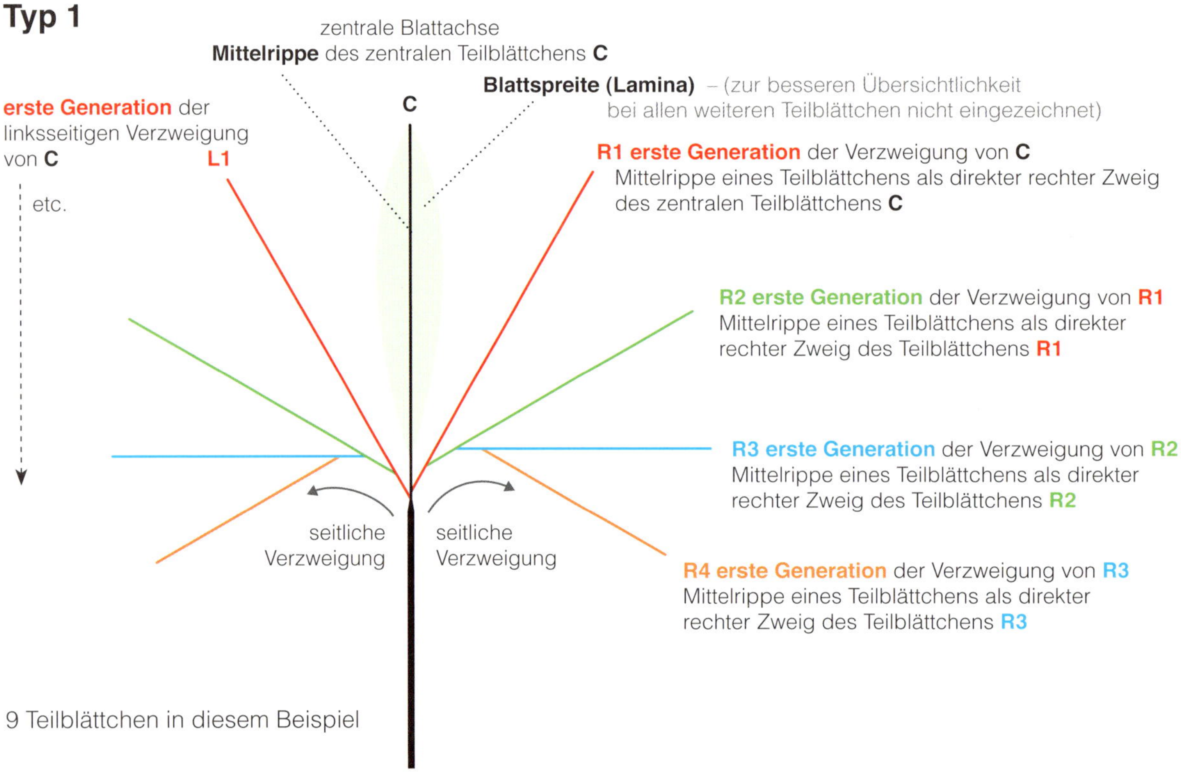

Typ 2

wie Typ 1
+ **zweite Generation** der Verzweigung von **C**
jeweilige Mittelrippe von zwei weiteren Teilblättchen

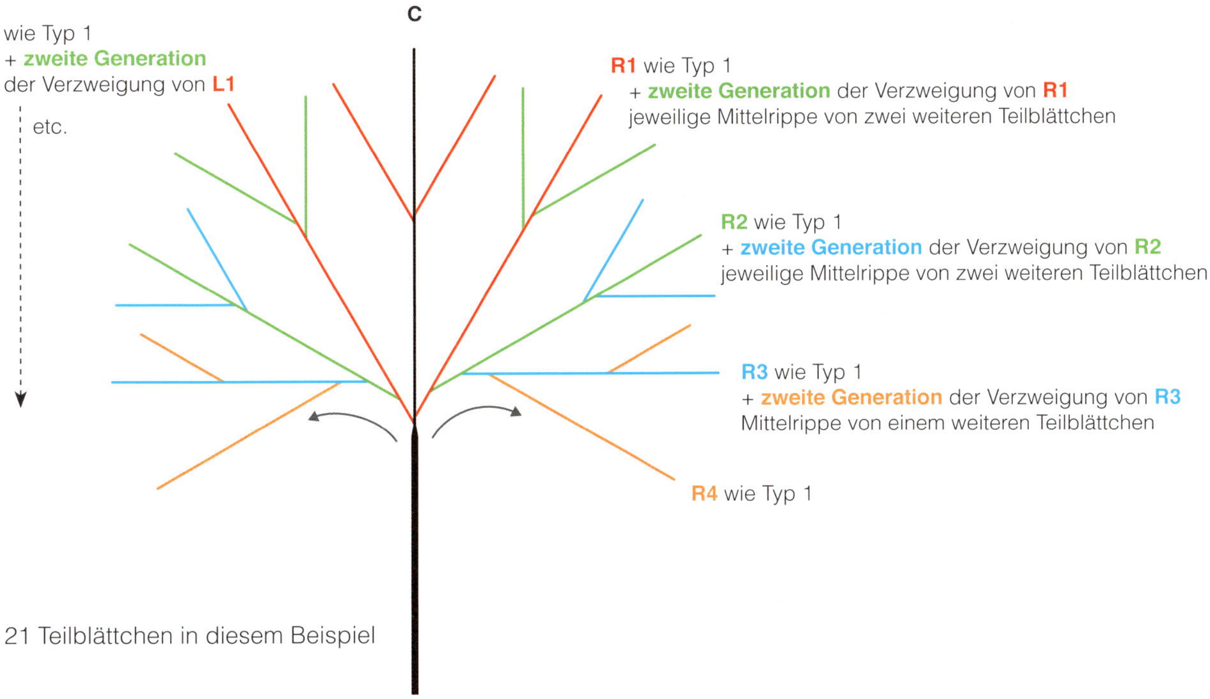

21 Teilblättchen in diesem Beispiel

Typ 3

wie Typ 2
+ **dritte Generation** der Verzweigung von **C**
jeweilige Mittelrippe von zwei weiteren Teilblättchen

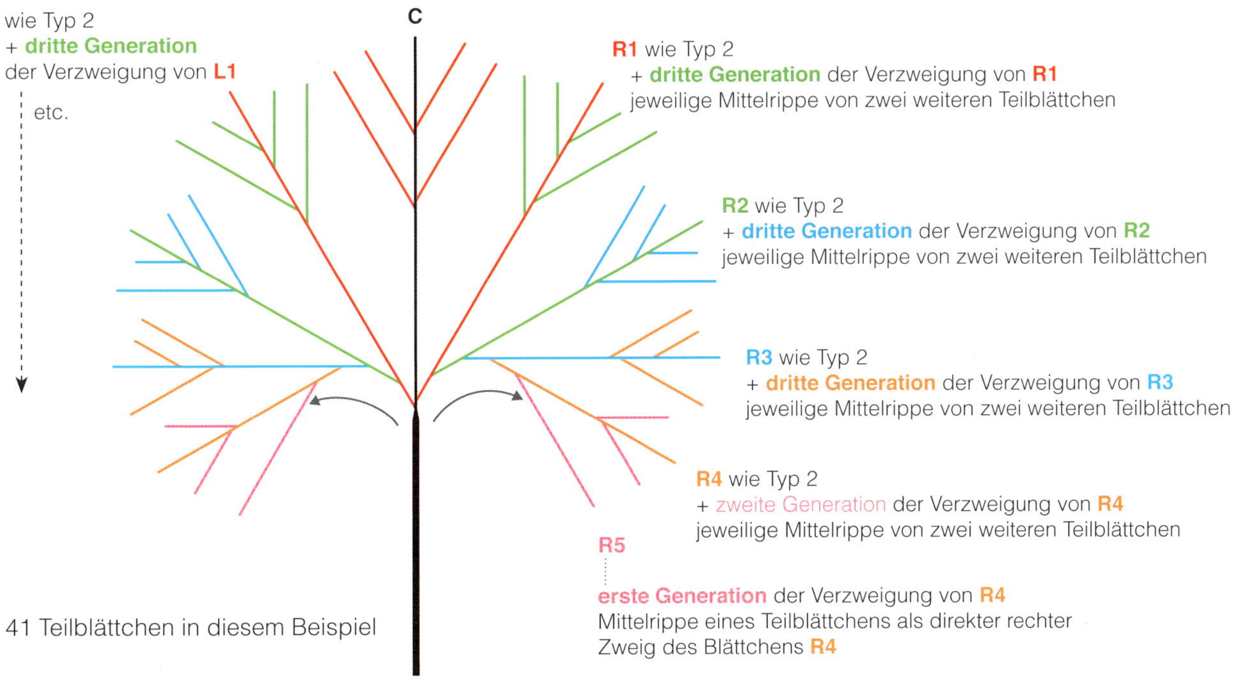

41 Teilblättchen in diesem Beispiel

Analyse der Verzweigung eines zusammengesetzten Blattes von *H. abruzzicus.* (In diesem Blatt liegen die Verzweigungspunkte im Zentrum sehr dicht beieinander, wodurch die pedate Grundstruktur nicht erkennbar wird; das Blatt ist aber nur scheinbar palmat.)

links: reales Blatt
unten: Verzweigungsstruktur

Richtung der seitlichen Verzweigung der Teilblättchen

Drei Typen der morphologischen Ausprägung der Verzweigungsstruktur bei *Helleborastrum*-Blättern

Typ 1: einfach verzweigt
wenige Teilblättchen

Typ 2: doppelt verzweigt
mäßig viele Teilblättchen

Typ 3: dreifach verzweigt
sehr viele Teilblättchen

H. hercegovinus Maximum gezählt: 320
H. abruzzicus Maximum gezählt: 200

H. serbicus [4]
H. multifidus
H. bosniacus [3]
H. bocconei

H. malyi [2]
H. occidentalis
H. viridis
H. atrorubens
H. purpurascens Ungarn
H. slovenicus [1]
H. croaticus
H. liguricus
H. odorus
H. dumetorum
H. abchasicus
H. guttatus
H. orientalis

H. purpurascens Rumänien

[1] Neu beschriebene Art, vgl.: S. 110
[2] Revidiert für *H. torquatus* Montenegro, vgl.: S. 166
[3] Neu für *H. torquatus* Bosnien und Herzegowina, vgl.: S. 172
[4] Revidiert für *H. torquatus* Serbien, vgl.: S. 178

Typ 1

Beispiel: *H. orientalis*

Typ 2

Beispiel: *H. multifidus*

Typ 3

Beispiel: *H. abruzzicus*

Blattrand, Blattfärbungen, Winterverhalten

vier Bilder oben:
Rand der Teilblättchen
- oben links: glatt bis fein gesägt
- oben rechts: fein gesägt
- Mitte links: grob gesägt
- Mitte rechts: sehr grob, teilweise doppelt gesägt

Purpurfarbenes junges Blatt bei *H. occidentalis*; vergrünt nach kurzer Zeit

Blattstiele in einer Population von *H. odorus*

Purpurfarbenes junges Blatt bei *H. viridis*

Rotbraune Basalflecken in einem Blatt von *H. torquatus*

Sehr helle Mittelrippen in einem Blatt von *H. abruzzicus*

Letztjährige verrottende Blätter bei *H. hercegovinus*

Letztjähriges immergrünes Blatt bei *H. liguricus*

1.2.4 Struktur und Gestalt des Blütenstandes und der Blüten bei Lenzrosen

Der verzweigte Blütenstand – im Bild *unten H. occidentalis* – ist der oberirdische Teil der Sprossachse, der hier den Langtrieb bildet.
Jeder Zweig des Blütenstandes entspringt aus der Blattachsel eines Tragblattes und endet in einer Terminalblüte, die jeweils von einem kurzen Blütenstiel getragen wird (vgl. Bild rechts). Oftmals sind auch die Zweige selber noch weiter verzweigt (vgl. Bild zu Verzweigung unten).

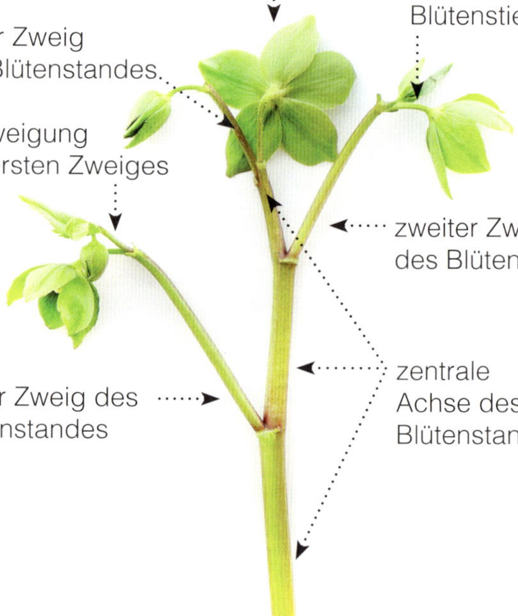

oben: Teil des Blütenstandes links
(Tragblätter übersichtshalber entfernt)

In diesem Blütenstand ist
das unterste Tragblatt
nur als schuppiges
Niederblatt ausgeprägt.
(vgl. S 18)

Struktur und Gestalt der Lenzrosenblüte

Anordnung der Kelchblätter (Sepalen)

Genau wie die Laubblätter, sind bei *Helleborus* auch alle Blütenorgane wechselständig fortlaufend spiralig in einem Winkel von 137,5° angeordnet, der nahe dem Goldenen Schnitt liegt. Die Nummern 1–5 bezeichnen die zeitliche und räumliche Abfolge der Entwicklung und Anordnung der Kelchblätter innerhalb der Blüte.

- Kelchblätter 1 und 2 sind strukturell außen.
- Kelchblatt 3 ist strukturell halb außen und halb innen.
- Kelchblätter 4 und 5 sind strukturell innen.
- die Größe der Kelchblätter nimmt von Kelchblatt 1 bis Kelchblatt 5 stetig ab.

außen

innen

In einer „gefüllten" Blüte – weitere Kelchblätter ersetzen hier die Nektarblätter – ist die regelmäßige Anordnung der Blütenorgane deutlich erkennbar.

Helleborus: Struktur der Blüte

Wechselständig spiralige Anordnung der Kelchblätter in schematischer Darstellung

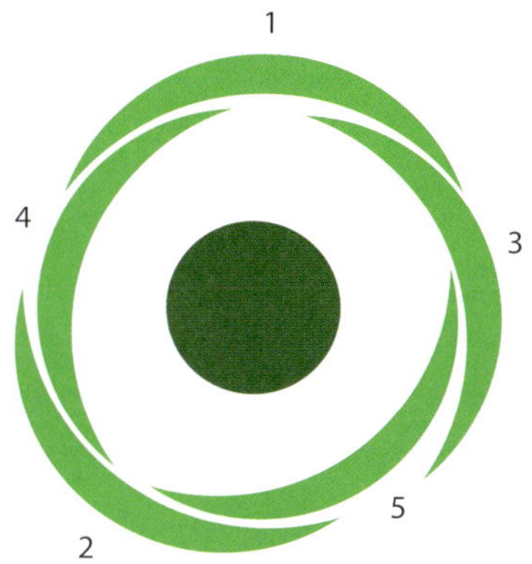

Knospe
im Querschnitt

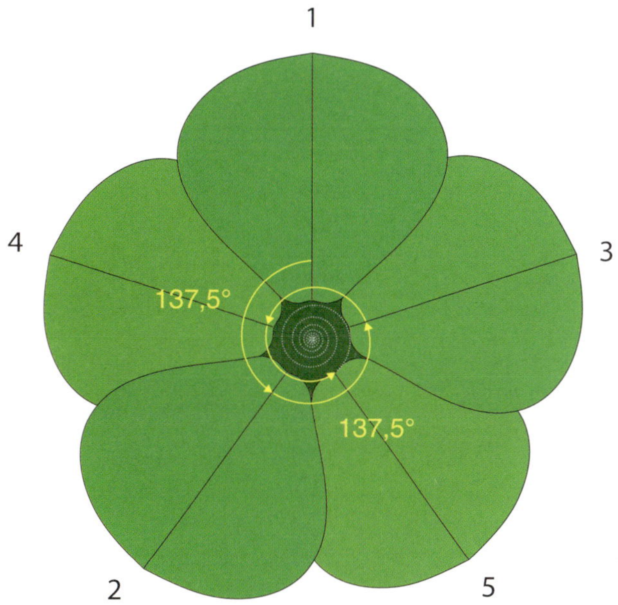

außen

innen

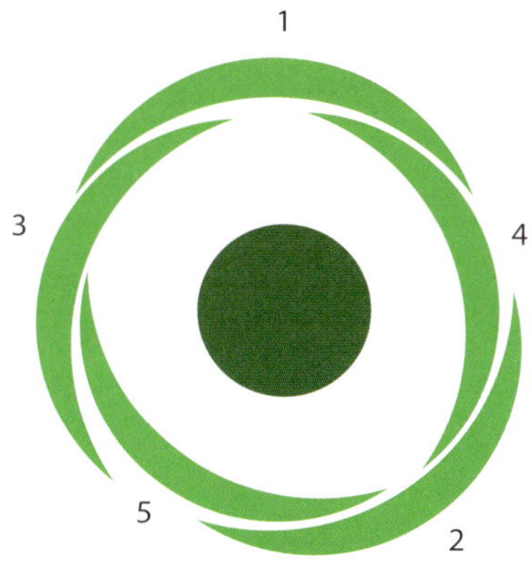

Knospe
im Querschnitt

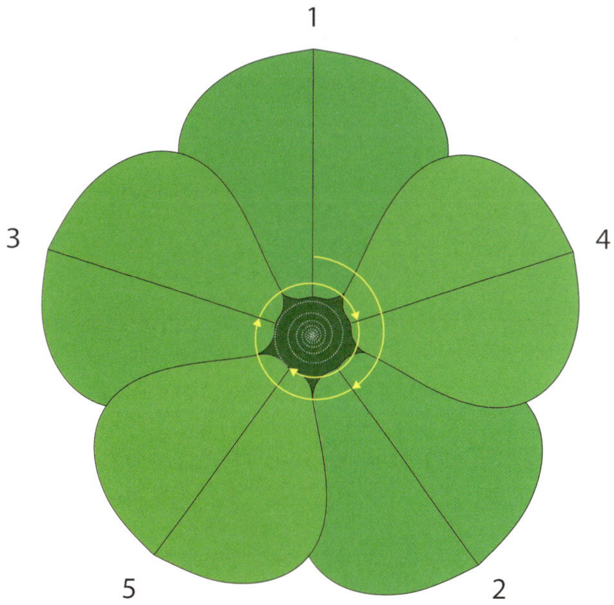

Struktur und Gestalt der Blütenorgane bei Lenzrosen

Kelchblätter (Sepalen) mit Schutzfunktion; regelmäßig 5

Kronblätter / Nektarblätter (hier Staminodien) locken mit Nektar Bestäuber an; regelmäßig 8 bis 13

Staubblätter (Stamina) mit Staubfaden und Staubbeutel (Pollen); zahlreich

Fruchtblätter (Karpelle) mit Narbe, Griffel und Fruchtknoten; regelmäßig 3 bis 5, weniger oder mehr ist möglich

Einige Nektarblätter sind in dieser Blüte bereits abgefallen

Bild oben & Seite 35 rechts unten: Eine Besonderheit in der Gattung *Helleborus* ist das Fehlen von echten Kronblättern – den auffälligen Blütenblättern anderer Gattungen. Statt ihrer und ungefähr an der gleichen Position finden sich bei *Helleborus*-Blüten die Nektarblätter. Diese werden oft irrtümlicherweise als umgewandelte Kronblätter betrachtet. In Wirklichkeit, wie das Foto S. 35 zeigt, sitzen die tüten- oder röhrenförmigen Nektarblätter auf deutlichen Stielen, die den Staubfäden der Staubblätter gleichen, keinesfalls aber den flachen und breiten Ansätzen von Kronblättern. Der Begriff „Nektarien“ für diese Organe ist ebenfalls irrtümlich, da mit „Nektarien“ streng genommen nur die Nektardrüsen am Grunde des Nektarblattes bezeichnet werden.

Zwei Beispiele: Links sehr deutlich geschlossene und eingerollte Nektarblätter, rechts sehr deutlich weit offene Nektarblätter

Beispiel 3: Eher geschlossene Nektarblätter, teilweise leicht geöffnet, teilweise leicht eingerollt

Beispiel 4: Eher offene Nektarblätter, kaum eingerollt

Beispiel 5: Offene Nektarblätter, kaum eingerollt

Deutlich gestielte Nektarblätter: Übergangsform zwischen Kelchblättern und Staubblällern. (Von unten gesehen, Kelch- und Staubblätter zur besseren Sichtbarkeit entfernt)

„Gefüllte" Blüten bei *Helleborastrum*

Sogenannte „Füllungen" in den Blüten von *Helleborastrum* können aus dem gesamten Spektrum aller möglichen Übergangsformen bestehen, von stark vergrößerten Nektarblättern bis hin zu einer Anzahl zusätzlicher, schmalerer Kelchblätter.

– Alle Bilder auf dieser Seite zeigen „Füllungen" der Blüten durch zusätzliche große Kelchblätter. Diese fallen wie echte Kelchblätter nicht ab.

– Auf der rechten Seite ist im Bild links oben die teilweise Trichterform gut zu erkennen, die am anderen Ende des Spektrums morphologisch näher bei Nektarblättern liegt. Alle „Füllungen" auf der rechten Seite fallen, wie Nektarblätter, nach zwei bis drei Wochen ab.

H. abruzzicus am Naturstandort

H. atrorubens in Kultur

H. torquatus am Naturstandort

H. torquatus am Naturstandort

Zwischenform *H. odorus* – *H. torquatus* am Naturstandort

H. multifidus am Naturstandort

Zwischenform *H. multifidus – H. torquatus*

H. torquatus am Naturstandort

H. torquatus am Naturstandort

H. torquatus am Naturstandort

H. dumetorum am Naturstandort

Blütenfarben und Farbmuster bei Lenzrosen

Innerhalb der Sektion *Helleborastrum* lassen sich zwei Farbgruppen unterscheiden:

Farbgruppe 1

Weiß über Grünweiß bis Grün

Farbgruppe 2

Purpur bis Rosa

H. liguricus

H. viridis

H. atrorubens

H. abchasicus

Farbspektrum und Farbgruppen der Blütenfarben der Sepalen-Außenseiten innerhalb der Gattung *Helleborus*

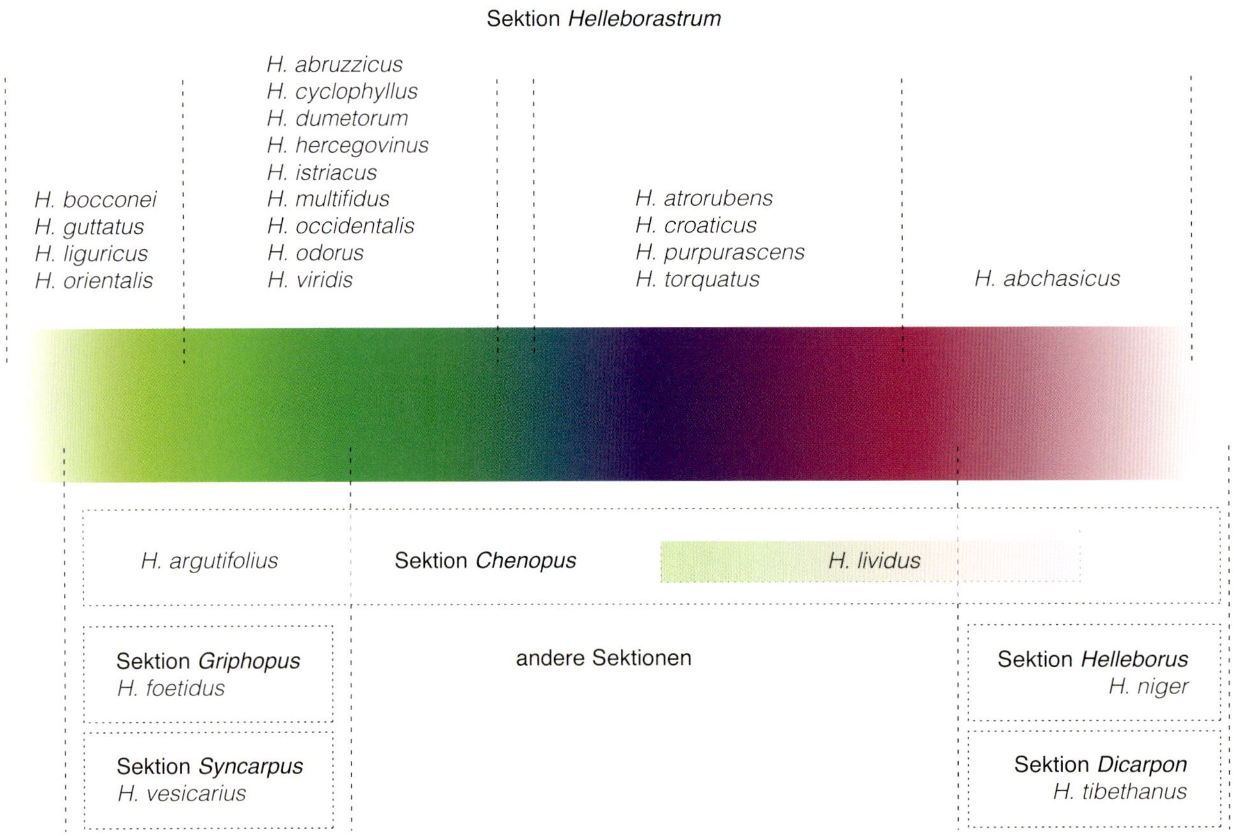

Blütenfarben

Obwohl die Blütenfarben bei *Helleborastrum* im Wesentlichen aus nur drei Farbstoffen bzw. Pigmentgruppen, nämlich dem normalen Blattgrün (Chlorophyll), aus Carotinoiden, und verschiedenen Flavonoiden, unter anderem roten Anthocyanidinen, bestehen, sind die optischen Wirkungen verschiedener Kombinationen im Zusammenwirken mit weiteren Faktoren sehr komplex.

Weiß – Wo bestimmte Flavonoide vorherrschen und weitere Farbstoffe oder Pigmente fehlen oder in nur geringer Menge vorhanden sind, wirken die Blüten weiß oder weißlich. Diese „Farbe" hat eine deutliche Signalwirkung in eher dunklen immergrünen Wäldern, wie zum Beispiel in küstennahen Regionen Italiens oder an der türkischen Schwarzmeerküste.

Grün – Grüne Blüten sind durch die Wirkung von Chlorophyll geprägt. Diese Blüten können in winterkahlen Wäldern schon im zeitigen Frühjahr zur Fotosyntheseleistung der Pflanze beitragen.

Grüngelb – Wo eine ansonsten grün blühende Pflanze an einem sehr intensiv besonnten Standort wächst, vor allem in höheren Lagen, kann sich deren Blütenfarbe durch vermehrte Bildung von Carotinoiden zum Schutz vor zuviel Licht in ein Grüngelb bis hin zu einem klaren Blassgelb wandeln. Dieselbe Pflanze würde in einer schattigen Situation eher grün blühen.

Purpur – Wesentlich komplexer werden die Farbwirkungen, wenn zu den bisher genannten Farbstoffen zusätzlich rote Anthocyane in der Epidermis (Haut) der Kelchblätter hinzukommen. Meist werden diese dunkelroten Farbtöne in ihrer Wirkung dann Richtung Blauviolett modifiziert durch die lichtstreuende Wirkung einer stark strukturierten Wachsschicht, die als Cuticula über der Epidermis liegt. Ein Beispiel: Wenn wir die Oberfläche einer Pflaume leicht reiben, zerstören wir die modifizierende Wachsschicht und sehen darunter das Dunkelbraunrot des eigentlichen Farbstoffs (rotes Anthocyan) in der Fruchtschale. Genau so verhält es sich mit den Purpurtönen bei den Blüten von *Helleborastrum* (vgl. S. 41, rechts oben). Alle verschiedenen Farbtöne des Bereiches Purpur bis Grau entstehen durch die farbliche Kombination aus Chlorophyll in tieferen Zellschichten des Blütenblattgewebes, von dunkelroten Anthocyanen in der Epidermis, und schließlich und entscheidend von der modifizierenden Wirkung der Wachsschicht, welche die Epidermis bedeckt.

Bei den Blütenfarben von *Helleborastrum* müssen wir unterscheiden zwischen

- einerseits der Grundfarbe und farbigen Mustern, wie dunkle Punktierungen oder Streifungen,
- andererseits der Farbe des Blütenäußeren und des Blüteninneren.

Grundfarbe: außen Purpur; innen Gelbgrün mit Muster

Grundfarbe: außen Purpur; innen Gelbgrün

Wildpflanzen aus der Sektion *Helleborastrum*; Blütenfarben Weiß bis Grün

Wildpflanzen aus der Sektion *Helleborastrum*; Blütenfarben Purpur bis Grau

Wildpflanzen aus der Sektion *Helleborastrum*; Farbmuster der Blüten außen

Wildpflanzen aus der Sektion *Helleborastrum*; Farbmuster der Blüten innen

Blütengröße bei Lenzrosen

Die jeweils größte Blüte an
jeweils einem einzelnen Blütenstand

H. torquatus
aus Serbien

25 mm

H. torquatus
aus Montenegro

40 mm

H. abruzzicus

70 mm

Die Blütengröße ist sehr unterschiedlich bei den verschiedenen Arten.
Für einen aussagekräftigen Vergleich der Blütengröße zwischen den Arten darf jeweils nur die größte Blüte eines Blütenstandes herangezogen werden, da in jedem individuellen Blütenstand die Größe der Blüten mit jeder Verzweigung geringer wird.
Die größte Blüte sitzt immer am Ende der zentralen Sprossachse, meist tiefer als die Blüten an den oberen Verzweigungen.

rechts: Deutlich zu erkennen ist, wie die Blütengröße mit jeder Verzweigung des Blütenstandes geringer wird.

links: Die letzte Blüte eines einzelnen Blütenstandes kann einen um fast 50% geringeren Durchmesser haben, als die erste, größte Blüte. Beispiel hier: größte und kleinste Blüte aus einem einzelnen Blütenstand bei *H.odorus*.

H. t-hercegovinus in Montenegro unmittelbar nach einem sehr heftigen Graupelschauer

1.3 Der Lebensraum der Lenzrosenarten

Alle *Helleborastrum*-Arten sind innerhalb ihres Verbreitungsgebietes Bewohner lichter Laub- und Nadelwälder, sowie in mediterran geprägten Klimaregionen, auch Teil immergrüner Wälder.

In diesen Habitaten stehen die Pflanzen zerstreut mit zum Teil großen Abständen zueinander. Steht eine Pflanze sehr schattig, dann bildet sie gewöhnlich jahrelang immer nur ein einziges neues Blatt im Frühjahr. Kaum aber erhält sie ein Plus an Energie durch mehr Licht, zum Beispiel durch das Umstürzen eines alten Baumes, treibt sie in den Folgejahren, bis die Lücke wieder zugewachsen ist, regelmäßig Blütenstände. In einem über Jahrhunderte gesehen, zahlenmäßig stabilen Bestand in einem Ursprungshabitat wird immer nur eine einzelne Pflanze durch einen einzigen Sämling ersetzt. Ob das, von den Hunderten oder Tausenden von Sämlingen, die eine Pflanze im Laufe ihres langen Lebens produziert, immer der allgemein „fitteste" ist, darf bezweifelt werden angesichts der Zufälligkeit, mit der die eine erfolgreiche Pflanze durch das Samenkorn in eine sehr günstige Situation geraten war.

In Italien und auf dem gesamten Balkan findet man *Helleborastrum* typischerweise in Begleitung von *Cyclamen*-Arten, *Hepatica*, *Pulmonaria* und anderen, auch gemeinsam mit *Paeonia*-Arten. Das insgesamt sehr ausgedehnte Verbreitungsgebiet von *Helleborastrum* und die heutige Zersplitterung in viele kleine, ökologisch isolierte Lokalpopulationen lässt die Sektion als Mitglied tertiärer Reliktgesellschaften erscheinen.

Durch menschliche Waldrodung im Laufe der Jahrhunderte zur Gewinnung von extensiv genutztem Weideland, drangen die Pflanzen schnell in direkt angrenzende geeignete offene und konkurrenzarme Flächen vor, wo sie zum Teil dichte Bestände mit großen, reich blühenden Pflanzen bilden. Da diese wegen ihrer Giftigkeit von Weidetieren verschmäht werden, können sie sich im Rahmen der mikroklimatischen und sonstigen Umweltbedingungen dort zum Teil sehr schnell flächendeckend ausbreiten, letzteres sehr zum Verdruss der bäuerlichen Bevölkerung, die dieses giftige „Weideunkraut" gar nicht liebt. Die auffälligen Standorte im offenen Weideland mit den zahlreichen Individuen und Varianten auf kleiner Fläche, als Verdichtungsräume der Population innerhalb der zerstreuten Bestände in den umgebenden Wäldern, sind in der Regel unter pragmatischen Aspekten meist der Gegenstand der Feldforschung.

Helleborastrum-Bestände habe ich gefunden von Lagen auf quasi Meereshöhe in schattigen Wäldern am nördlichen Fuße von Hügeln in Ligurien und in der Toskana, bis auf 2100 Meter Meereshöhe in den Pyrenäen in Andorra. Meist jedoch findet man sie in niederschlagsreicheren Höhenlagen vom mittleren Hügelland bis ins höhere Mittelgebirge.

Wenn man gewöhnlich in weiten Teilen Italiens und des Balkans *Helleborastrum* regelmäßig nur in sehr fruchtbaren Kalksteinböden findet, ist man sehr erstaunt, sie in Süditalien in relativ sauren, torfhaltigen Böden oder zum Beispiel auch in Serbien in extrem schütteren und mageren Böden auf Serpentinitgestein anzutreffen. Die Arten der Sektion *Helleborastrum* sind grundsätzlich sehr anpassungsfähig an verschiedene Bodenverhältnisse und Klimabedingungen, was wohl ein wesentlicher Grund sein mag für ihren evolutionären Erfolg und für ihr jahrmillionenlanges Überleben. Diese Anpassungsfähigkeit von *Helleborastrum* zeigt sich auch in der großen Toleranz gegenüber unterschiedlichen Klimaten und Bodenverhältnissen in Gartenkultur.

Waldhabitat (Tannen-Schwarzkiefernwald), hier gemeinsam mit *Paeonia parnassica,* am Mt. Parnassos in Griechenland, 1500 m

Waldhabitat (Sommergrüner Laubwald), Halbinsel Chalkidiki, Griechenland, 450 m

Lichter Auenwald in Rumänien, 600 m

Verbuschtes Weideland und Niederwald in Montenegro 1200 m

Sommergrüner Laubwald mit eingestreuten Weideflächen, Pindos Gebirge in Griechenland, 1300 m

Degradierte mediterrane Hartlaubvegetation, Westsizilien, 620 m; *Helleborastrum*-Standorte an Fuße der Kalkfelsen

Degradierte mediterrane Hartlaubvegetation (Steineiche) in Kroatien auf der Insel Cres, 100 m

Offenes extensives Weideland, stark verkarstet, Kroatien, 750 m

Offenes extensives Weideland, Frankreich, Pyrenäen, 1500 m

oben (Detail) und unten (Gesamtansicht): Baumlose alpine Schuttflur (Steinschutthalden), Spanien, Pyrenäen, 1700 m

1.4 Das Problem der Unübersichtlichkeit der Lenzrosenarten

Hier ist zunächst einmal die alphabetisch sortierte Liste der 18 bisher bekannten und akzeptierten Wildarten der Lenzrosen:

H. abchasicus – H. abruzzicus – H. atrorubens
H. bocconei – H. croaticus – H. cyclophyllus
H. dumetorum – H. guttatus – H. hercegovinus
H. istriacus – H. liguricus – H. multifidus
H. occidentalis – H. odorus – H. orientalis
H. purpurascens – H. torquatus – H. viridis

Wer nun erwartet, dass diese bisherigen Beschreibungen geeignet seien, die Arten jeweils klar und eindeutig gegeneinander abzugrenzen, und wer dann daraus folgert, dass man am Wildstandort in der Natur immer klar entscheiden könne, um welche Art es sich da jeweils handelt, der wird große Enttäuschungen erleben. Selbst innerhalb kleiner Wildartbestände (Populationen) von Lenzrosen variiert die Pflanzengestalt mitunter dermaßen stark, dass es oft sehr schwierig, manchmal fast unmöglich ist, eine Art aufgrund der bisher gegebenen Artbeschreibungen klar zu bestimmen.

Das Gesagte gilt unter der selbstverständlichen Annahme, dass alle Pflanzen innerhalb der Population zu einer Art gehören sollen.

Die Untersuchungen in den Wildstandorten haben gezeigt:

- Für jede der genannten Arten kann aufgrund der Artbeschreibungen zumindest eine Population gefunden werden.
- Nicht für jede der vielen Populationen kann aufgrund der Artbeschreibungen ein Artname ermittelt werden.
- Nicht für jede einzelne Pflanze innerhalb einer Population kann aufgrund der Artbeschreibungen ein Artname ermittelt werden.
- Nicht für jede einzelne Pflanze in Kultur kann aufgrund der Artbeschreibungen ein Artname ermittelt werden.

Das Ergebnis ist in sehr vielen Fällen ein großes Maß an Unsicherheit, Unzufriedenheit und Desinteresse, was sicherlich auch einer der Gründe dafür ist, warum viele Gärtnereien und Gärtnerinnen und Gärtner die Wildarten mehr oder weniger meiden, und dadurch gar nicht erkennen können, welchen Gestaltungswert für unsere Gärten auch etliche der Wildarten haben können.

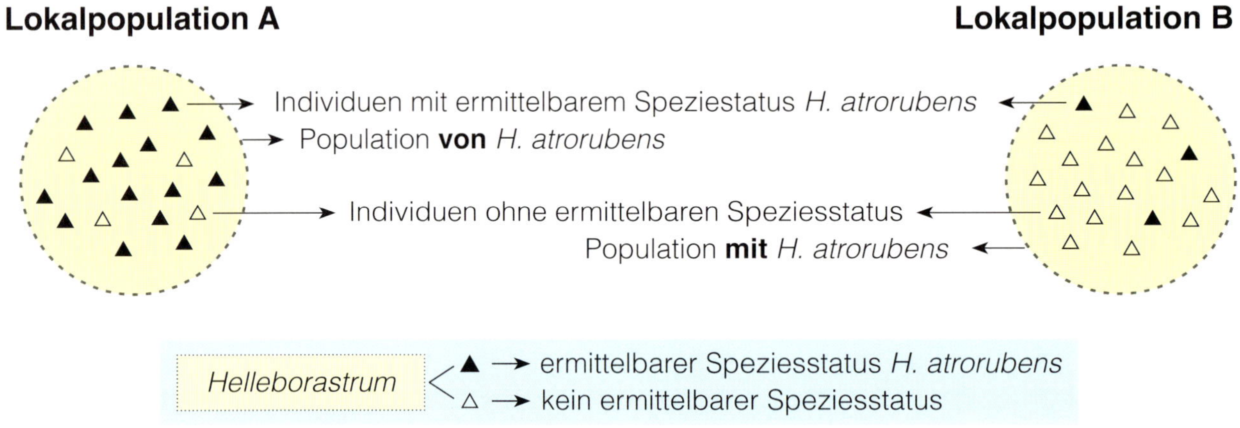

In den drei Bildern rechts lässt sich der Grad der Variation der Pflanzengestalt **(pänotypische Variation)** deutlich erkennen.

Die Bilder 1 und 2 zeigen die Variation der Blattform beziehungsweise der Blütenfarbe innerhalb ein und derselben sehr kleinen Lokalpopulation von *H. torquatus* in Montenegro. Diese Breite der Variation ist typisch für die dort anzutreffenden Bestände.

Die Bilder 2 und 3 zeigen im Vergleich die unterschiedliche Variationsbreite der Blütenfarben in verschiedenen, räumlich getrennten Populationen von *H. torquatus*.

Wenn man nun in der Monographie „Hellebores" bei Brian Mathew, 1989, nachliest, wird man dort für *H. torquatus* die Blütenfarbe als *„außen tief violett-purpur bis blaugrau, innen gleich oder grün, oder manchmal grün mit purpur Äderung"* beschrieben finden. In unseren konkreten Beispielen rechts entsprechen nur etwas mehr als die Hälfte der Blüten dieser Artbeschreibung, der Rest entspricht ihr nicht. Auch die Beschreibung der Anzahl der Teilblättchen mit *„insgesamt (10–)15–25(–30) Teilblättchen"* passt nicht zur Realität (in Bild 1: 33 bzw. 9 Teilblättchen).

Es erübrigt sich wohl, scherzhaft zu fragen, ob sich hier die Pflanzen der Population nicht an die Artbeschreibung halten, oder ob nicht eher umgekehrt die Artbeschreibung nicht der Vielfalt der Pflanzengestalt innerhalb der Populationen angemessen ist oder sein kann.

Ein berechtigter Einwand könnte hier auch lauten, dass es sich doch vermutlich um eine Population von natürlichen Arthybriden handelt, nämlich von Hybriden aus einer rein grün blühenden Art und einer rein purpur blühenden Art mit unterschiedlichen Blattformen irgendwo in der näheren oder weiteren Umgebung.

Allerdings sind rein purpur blühende Arten in der Umgebung weder hier noch in nahezu allen ähnlich gelagerten Fällen zu finden. Der Gedanke an Naturhybriden bleibt also zunächst so lange spekulativ, bis eventuell eine DNA-Sequenzierung hier Klarheit bringen könnte.

Phänotypische Variation in einer Lenzrosen-Population in Serbien

1.5 Die Formenvielfalt innerhalb der jeweiligen Lenzrosenarten

Die Präsentation der Bilder auf den folgenden Seiten zeigt die Formenvielfalt **(phänotypische Variation)** der Pflanzen innerhalb von Lokalpopulationen. Es wird deutlich werden, dass es bei Artbestimmungen zwangsläufig zu Unklarheiten und teilweise erheblichen Überschneidungsbereichen zwischen den bisher bekannten Arten kommen muss.

Auf zwei bedeutende Punkte sei hingewiesen:

1. Wo Artnamen in Bildunterschriften genannt werden, beziehen sich diese auf eine Identifizierung der Population als Ganzes. Vielfach bestehen leichte Zweifel und manchmal auch ein gewisses Maß an Unbehagen bei einer Zuordnung zu einer Art. Daher werden Artnamen hier mit deutlichem und ausdrücklichem Vorbehalt genannt.

2. Die gezeigten Sammlungen ausgelegter Blätter und Blüten sind das Ergebnis einer sorgfältigen Auswahl während eines Rundgangs durch eine Lokalpopulation, um jeweils ein möglichst repräsentatives Bild der Formenvielfalt innerhalb der jeweiligen Population zu ergeben. Sie sollen die Breite des Gesamtspektrums unterschiedlicher Formen sichtbar machen, um einen möglichst umfassenden Eindruck von der Formenvielfalt dieser konkreten Population zu vermitteln. Eine sporadisch jeweils eingelegte Ein-Euro-Münze soll als Maßstab dienen für eine ungefähre Größenorientierung.

Aus einer sehr kleinen Lenzrosen-Population in Serbien

Vorbereitungen für eine Aufnahme in einer Population in Montenegro

Phänotypische Variation der Blätter: Sammlung aus einer Lokalpopulation von *H. odorus* in Bosnien und Herzegowina

Phänotypische Variation der Blätter in einer Lokalpopulation von *H. odorus* in Montenegro

Phänotypische Variation der Blätter: Sammlung aus einer kleinen Lokalpopulation von *H. cyclophyllus* in Griechenland

Phänotypische Variation der Blätter: Details in einer Lokalpopulation von *H. cyclophyllus* in Griechenland

Phänotypische Variation der Blätter: Drei Beispiele für die sehr unterschiedliche Gestalt der Blätter, hier jeweils nur des zentralen Blattsegments, von *H. occidentalis* aus einer Lokalpopulation in der Nähe eines ehemaligen Klosters von nur einigen Hundert Exemplaren in Süddeutschland.

Phänotypische Variation der Blätter: Sammlung aus einer sehr kleinen Lokalpopulation von *H. virids* in Norditalien

Phänotypische Variation der Blätter: Sammlung aus einer kleinen Lokalpopulation von *H. istriacus* in Kroatien

Phänotypische Variation der Blätter in einer Lokalpopulation in der Toskana, Italien

Phänotypische Variation der Blätter: Details in einer sehr kleinen Lokalpopulation von *H. liguricus* in Mittelitalien

Phänotypische Variation der Blätter: Sammlung aus einer kleinen Lokalpopulation von *H. liguricus* in Mittelitalien

Hauptsache GARTEN

Phänotypische Variation der Blätter: Details in einer Lokalpopulation von *H. dumetorum* in Kroatien

Phänotypische Variation der Blätter in einer sehr kleinen Lokalpopulation von *H. atrorubens* in Slowenien

Phänotypische Variation der Blätter: Sammlung aus einer Lokalpopulation von *H. torquatus* in Bosnien und Herzegowina

Phänotypische Variation der Blätter in einer kleinen Lokalpopulation von *H. torquatus* in Serbien

Phänotypische Variation der Blätter: Sammlung aus einer kleinen Lokalpopulation von *H. croaticus* in Kroatien

Phänotypische Variation der Blätter: Sammlung aus einer sehr kleinen Lokalpopulation von *H. bocconei* in Süditalien

Phänotypische Variation der Blätter in einer kleinen Lokalpopulation von *H. hercegovinus* in Montenegro

Phänotypische Variation der Blätter: Sammlung aus einer kleinen Lokalpopulation von *H. purpurascens* in Rumänien

Phänotypische Variation der Blätter in einer Lokalpopulation von *H. torquatus* in Montenegro

Phänotypische Variation der Blätter: Sammlung aus einer kleinen Lokalpopulation von *H. torquatus* in Montenegro

Phänotypische Variation der Blütenfarbe: Links *H. bocconei* in Westsizilien, rechts *H. bocconei* in Kalabrien

Phänotypische Variation der Blütenfarbe in einer kleinen Lokalpopulation von *H. torquatus* in Bosnien und Herzegowina

Phänotypische Variation der Blütenfarbe in einer sehr kleinen Lokalpopulation von *H. torquatus* in Serbien

Phänotypische Variation der Blütenfarbe: Sammlung aus einer kleinen Lokalpopulation von *H. multifidus* in Kroatien

Phänotypische Variation der Blütenfarbe: Sammlung aus einer Lokalpopulation von *H. torquatus* in Bosnien und Herzegowina

Phänotypische Variation der Blütenfarbe: Sammlung aus einer Lokalpopulation von *H. torquatus* in Serbien

Alle Bilder auf dieser Seite: Phänotypische Variation der Blütenfarbe in einer Lokalpopulation von *H. torquatus* in Montenegro

oben & unten: Phänotypische Variation der Blütenfarbe: Sammlungen aus zwei Lokalpopulationen von *H. atrorubens* in Slowenien

oben & unten: Phänotypische Variation der Blütenfarbe: Sammlung aus einer Lokalpopulation *von H. multifidus* in Kroatien

oben & unten: Phänotypische Variation der Blütenfarbe: Sammlung aus einer Lokalpopulation *von H. torquatus* in Kroatien

oben & unten: Phänotypische Variation der Blütenfarbe: Sammlung aus einer Lokalpopulation *von H. torquatus* in Kroatien

1.6 Vertiefende Betrachtung: Resümee

Der Grundannahme, dass alle Individuen in einer Fortpflanzungsgemeinschaft (einer Population) zu derselben Art gehören, wird vermutlich kaum widersprochen werden. Mit dieser Annahme wird jedoch implizit auch eine Aussage gemacht über die damit verbundene Vorstellung von einer Art, nämlich als einer biologisch definierten Einheit.

Eine weitere, vermutlich ebenfalls umfassend zustimmungsfähige Annahme wäre, dass voll entwickelte Populationen ein hohes Maß an morpholgischer Homogenität aufweisen. Sie werden sich durch natürliche Selektion dahingehend entwickelt haben, dass als Ergebnis dieser Auslese alle Individuen (fast) gleiche äußere Merkmale aufweisen, anhand derer die Art beschrieben werden kann.

Wenn man nun annimmt, das dies generell wahr sei, dann muss man allerdings für *Helleborastrum* im Allgemeinen, und für einige Sippen innerhalb der Sektion im Besonderen, sehr nüchtern feststellen, dass diese evolutionär eventuell noch – oder wieder? – ein gutes Stück Weg vor sich haben, um sich zu einheitlichen Gruppen, d.h. morphologisch homogenen Spezies entwickeln zu können. „Noch" hieße hier spekulativ, dass innerhalb der Sektion, in verschiedenen Populationen in durchaus zum Teil sehr unterschiedlichem Ausmaß, der Prozess die Artbildung insgesamt noch nicht abgeschlossen ist, und zwar in einigen Populationen mehr, in anderen weniger. „Wieder" hieße hier ebenfalls spekulativ, dass innerhalb der Sektion in jüngeren geologischen Zeiträumen teilweise intensive oder weniger intensive Hybridisierungsprozesse stattgefunden haben, aus denen Hybridpopulationen hervorgegangen sind. Diese könnten dann ebenfalls auf dem Weg zur Artbildung sein und zu einer Homogenisierung der Morphologie, vorausgesetzt, dass eine natürliche Selektion überhaupt stark prägende Auswirkungen hat auf die für uns äußerlich sichtbare Morphologie.

Das Vorhandensein mancher morphologisch relativ homogener Populationen jedenfalls spricht dafür, dass eine morphologische Homogenisierung stattfinden kann. Und die Zerstückelung der großen Areale einiger dieser recht homogenen Populationen in viele kleine, heute isolierte Lokalpopulationen, lässt letztere wie örtliche Relikte einer alten, ursprünglich zusammenhängenden morphologisch recht homogenen Großpopulation erscheinen.

Im Gegensatz dazu stehen viele morphologisch sehr inhomogene Populationen, von denen einige zudem noch ein auffälliges Verbreitungsmuster aufweisen. So gibt es beispielsweise auf dem Balkan einen insgesamt rund 600 Kilometer langen und 10 bis 20 Kilometer schmalen „Korridor", in dem, aufgereiht wie auf einer Perlenschnur, sporadisch größere oder kleinere lokale Populationen vorkommen, die alle dem bisherigen *H. torquatus* zuzuordnen sind, und die eine entsprechende Bandbreite ihrer morphologischen Variabilität, vor allem einer Mischung aus eher grünlichen und eher purpurnen Blütenfarben, aufweisen. Dieser Korridor verläuft im Wesentlichen in großen Tälern parallel zu der Hauptzugrichtung der Gebirgsketten und wendet sich vor dem querliegenden Prokletje-Gebirge nach Nordosten in Richtung Donau. Beiderseits dieses durch besondere Buntheit ihrer Blüten geprägten Bandes liegen relativ homogene Populationen von *H. odorus* bzw. *H. multifidus* mit ausschließlich rein grünen Blüten. (vgl. S. 77)

Eine mögliche Arbeitshypothese könnte hier lauten, dass durch ein ehemaliges überregionales Flusssystem mit entsprechendem Samentransport sich eine Population quasi eindimensional linienförmig von Nordwesten *(H. atrorubens)* nach Südosten hat ausweiten können. Relikte eines solchen ehemaligen großen Tales sind heute in der Landschaft noch deutlich erkennbar. Bei dieser möglichen linearen Ausbreitung könnte es möglicherweise immer wieder zu Kreuzungen zwischen den „Neuankömmlingen“ und den „Einheimischen“ gekommen sein, mit entsprechenden Folgen in der Nachkommenschaft. Bis diese These verifiziert wäre, bleibt sie eine Annahme.

Wer aber im Rahmen dieser Annahme von der Vorstellung einer selektionsgesteuerten Evolution hin zu morphologischer Homogenität überzeugt ist, der wird irritiert sein angesichts der Realität. Wie lange, gemessen in geologischen Zeiträumen, existieren diese morphologisch uneinheitlichen Populationen in dieser Form wohl bereits, und wie offenbar wenig Selektion hin zu morphologischer Homogenität der Blütenfarbe und anderer Merkmale hat hier bisher stattgefunden?

Diese fundamentalen Fragen zur Artbildung in Richtung kompletter innerer Homogenität oder eben nicht, sind allerdings weitgehend irrelevant für den gegenwärtigen Stand der Klassifikation von *Helleborastrum*, und sollen daher hier auch nicht weiter verfolgt werden.

Zusammenfassend könnte man den bisherigen Ansatz für die Definition und die Beschreibung der einzelnen *Helleborastum*-Spezies und die gegenwärtige Liste von akzeptieren Arten also nur dann als angemessen funktional bezeichnen, wenn man die wahrnehmbare Realität in der Natur teilweise ignoriert.
Das gegenwärtige Konzept ermöglicht im Wesentlichen, oberflächliche Diskussionen und einen allgemeinen Informationsaustausch über *Helleborastrum*-Pflanzen zu führen, allerdings nur auf einer unverbindlichen Ebene, und nie ohne dabei im Allgemeinen vage und unpräzise zu bleiben, und ohne dass im Speziellen ständig qualifizierende Zusatzbemerkungen gemacht werden müssen. Ein präziser Informationsaustauch wäre sehr mühsam.

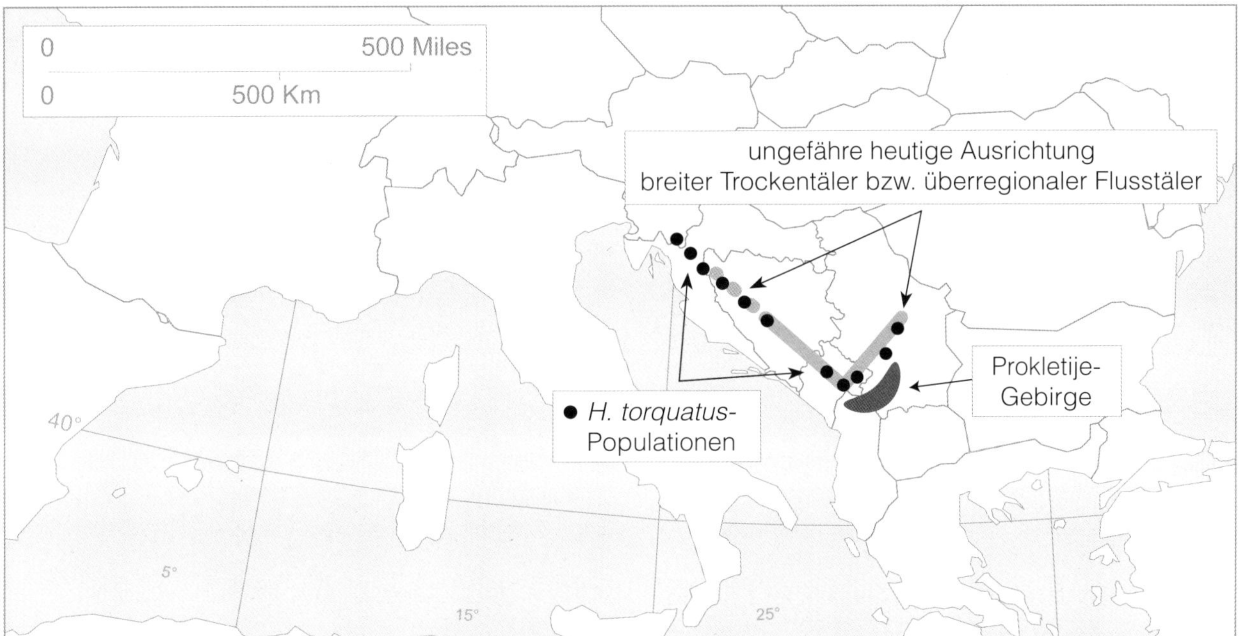

Lineares Verbreitungsgebiet von Populationen des sehr variablen *H. torquatus*, eingebettet in bestehende Gebirgszüge

beide Seiten: *Helleborastrum*-Wildarten am Naturstandort; links & unten in Kroatien, oben in Montenegro

Teil 2 Der Begriff der Art bei den Lenzrosen

2.1 Die biologische Art und die morphologische Art

In Teil 1 wurde das Problem der unklaren Abgrenzung zwischen den bisher beschriebenen Lenzrosenarten gezeigt. Ursache für dieses Problem ist eine **Vermischung von zwei unterschiedlichen Vorstellungen von dem Begriff „Art“.**

Die eine Vorstellung ist die von der Art als biologisch einheitliche Gruppe von Lebewesen, in der sich alle Individuen in einer Population miteinander fortpflanzen können, und so eine **biologische Fortpflanzungsgemeinschaft** bilden. Diese Fortpflanzungsgemeinschaft entwickelt und verändert sich dabei unter dem Einfluss evolutionärer Wirkkräfte. Für diese Auffassung des Begriffes „Art“ verwenden wir den Begriff **biologische Art** oder **Biospezies**.

Die andere Vorstellung ist die von der Art als **gestaltlich beschreibbare und abgrenzbare Gruppe** von Lebewesen, die wir aufgrund ihrer speziellen Gestalteigenschaften, also ihrer Morphologie einteilen und erkennen. Wir erkennen also Arten von Lebewesen an bestimmten äußerlich wahrnehmbaren Merkmalen. Für diese Auffassung des Begriffes „Art“ verwenden wir den Begriff **morphologische Art** oder **Morphospezies**.

Der generelle Unterschied zwischen den beiden Vorstellungen ist extrem bedeutsam, kann sich aber unterschiedlich deutlich manifestieren. Da die Biospezies eine Fortpflanzungsgemeinschaft ist, liegt es nahe anzunehmen, dass die unmittelbar verwandten Mitglieder der Gemeinschaft sich gegenseitig mehr oder weniger stark ähneln und sich von anderen solchen Gruppen genügend unterscheiden, um für uns als morphologische Einheit – also als Morphospezies – wahrgenommen und eingeteilt werden zu können.

Die gezeigte, große Formenvielfalt innerhalb wilder Lenzrosen-Populationen allerdings lässt diese erwartete weitgehende Übereinstimmung zwischen Biospezies und Morphospezies vermissen.

Vertiefende Betrachtung

Der Evolutionsbiologe Ernst Mayr hatte 1942 sein **biologisches Spezieskonzept** formuliert:

- „Species are groups of actually or potentially interbreeding natural populations, that are reproductively isolated from other such groups.“
  – Arten sind Gruppen von tatsächlich oder potenziell sich fortpflanzenden natürlichen Populationen, die reproduktiv isoliert sind von anderen solchen Gruppen.

Der Botaniker Arthur Cronquist definierte 1978 sein taxonomisches, wörtlich übersetzt, **„pragmatisches“ Spezieskonzept:**

- „Species are the smallest groups that are consistently and persistently distinct, and distinguishable by ordinary means.“
  – Arten sind die kleinsten Gruppen, die durchgängig und beständig (von anderen Gruppen) verschieden, und mit gewöhnlichen Mitteln (von anderen Gruppen) unterscheidbar sind.

Mayr begreift und fasst also die Gruppe der **biologischen Fortpflanzungsgemeinschaft als „Art“**, ohne Bezug auf morphologische Einheitlichkeit oder Diversität.

Cronquist hingegen legt ausdrücklich Wert auf einen aus taxonomischer Sicht **operationalen Artbegriff**, der durch **vergleichende Beobachtung und Beschreibung** zu einem praktisch anwendbaren **Taxon** kommt, das morphologisch verschieden, und daher unterscheidbar ist von anderen Taxa.

Bis zum Jahre 1997 waren bereits insgesamt 24 Definitionen des Begriffes „Art“ entstanden, die sich aber alle entweder in die Oberkategorie des biologischen oder des morphologischen Konzepts einordnen lassen. (vgl. S. 82)

2.2 Die bisherige Praxis bei den Lenzrosenarten

Ausgehend von Cronquist (S. 80) sind also die gegenwärtig beschriebenen Lenzrosenarten morphologisch abgegrenzte Gruppen. Die Grundlage für die Einteilung ist die Abgrenzbarkeit aufgrund äußerer Morphologie.

Und nun scheint bei einigen Taxonomen der Vergangenheit die Vorstellung geherrscht zu haben, dass jede Lokalpopulation und auch jede einzelne Pflanze innerhalb der Gesamtpopulation der wilden Lenzrosen jeweils einer morphologisch definierten Art oder Unterart oder Form zuzuordnen sein müsse. Das führte dann zu Aufzählungen von Duzenden von Formen bei einzelnen Arten, die aber dem stufenlosen Spektrum an faktisch vorkommenden morphologischen Ausprägungen in der Realität auch nicht annähernd gerecht werden können. Es müssten Hunderte von Formen beschrieben werden, und auch dies würde die Vielfalt in der Natur nicht wirklich erfassen können.

Dieser Vorstellung liegt eben genau die zuvor erwähnte Quasi-Gleichsetzung der Morphospezies mit der Biospezies zugrunde: Die Annahme nämlich, dass alle Lokalpopulationen und sämtliche Individuen darin, wie im Falle der biologischen Art, auch immer jeweils einer beschreibbaren morphologischen Art zuzuordnen sein müssten.

Vertiefende Betrachtung

In dem Diagramm auf Seite 85 ist diese Idee schematisch dargestellt durch die lückenlose Aneinanderreihung der Arten, wodurch jedes einzelne Individuum innerhalb von *Helleborastrum* zu einem Mitglied jeweils einer der taxonomischen Klassen gemacht werden soll. Dies funktioniert aber, wie in Teil 1 gezeigt, bei den Lenzrosen nicht. Und genau deswegen ist die gegenwärtige Praxis teilweise sehr unbefriedigend, bedingt durch zwei ineinander geschachtelte unüberwindbare Probleme:

- Unklarheit durch zwangsläufig unscharfe morphologische Artabgrenzungen,
- daraus folgend teilweise unübersichtlich viele beschriebene Formen zu den jeweiligen Taxa bei dem vergeblichen Versuch, morphologisch unscharfe Randbereiche integrieren zu wollen.

2.3 Vorschlag einer neuen, angemessenen Praxis für die Lenzrosenarten

Um bei den Lenzrosen eine klare Unterscheidung machen zu können zwischen der **biologischen Art** und der **morphologischen Art** werden hier **zwei Ebenen** unterschieden.

Die Ebene der **Biospezies**, hier bezeichnet als **„b-Spezies“**, auf der sämtliche Populationen der gesamten Sektion *Helleborastrum* als potenzielle Fortpflanzungsgemeinschaft die biologische Art bilden. Damit ist jedes einzelne Individuum innerhalb der Sektion ein Mitglied der Biospezies *Helleborastrum*.

Die Ebene der **Morphospezies**, hier bezeichnet als **„t-Spezies“** für „taxonomische Spezies“ (Cronquist 1988: 65) im Gegensatz zu „biologische Spezies“, auf der sämtliche morphologisch klar abgegrenzten Populationen und Einzelpflanzen innerhalb der Gesamtpopulation von *Helleborastrum* eine morphologisch definierte Art bilden.

Alle Populationen und Individuen innerhalb der Sektion *Helleborastrum*, die zu einer t-Spezies gehören, haben den Status dieser **t-Spezies**, der eingebettet ist in den der **b-Spezies**. Die Gruppe der morphologisch nicht identifizierbaren Pflanzen bildet einen **Rest**, der zu keiner der t-Spezies gehört, und nur den Status der b-Spezies besitzt (vgl. Diagramm S. 85).

Vertiefende Betrachtung zu Teil 2: Das Spezies-Problem in der akademischen Diskussion

Das morphologische Artkonzept
Seit der Antike, beginnend mit den Philosophen Platon und Aristoteles (bei Platon εἶδος /eidos/ im Sinne von „idealtypische Gestalt", also „Idee" oder „Essenz", bei Aristoteles εἶδος als das „Wesen" oder die „Art") galt die Vorstellung von typologisch definierten Arten, ein Konzept, für das „vier Charakteristika postuliert wurden:

> (1) Arten bestehen aus einander ähnlichen Individuen, die eine gemeinsame „Essenz" besitzen, (2) jede Art ist von allen anderen durch eine scharfe Diskontinuität abgegrenzt, (3) jede Art ist unveränderlich in Raum und Zeit, und (4) die mögliche Variation innerhalb jeder Art ist streng begrenzt. (Mayr 1997)

Auch Carl von Linné, der Schöpfer der binären Nomenklatur, betrachtete die Art noch als unveränderlich.

Charles Darwin erkannte, dass Arten nicht konstant sind, sondern evolutionär langsam und graduell veränderlich in Raum und Zeit. Eine Klassifikation hatte für Darwin auf Basis einer gemeinsamen Abstammung sowie dem Grad der Ähnlichkeit zu erfolgen. Erstaunlicherweise versuchte Darwin nie, den Begriff „Art", der doch zentral war im Titel seines Werkes, zu definieren, sondern schrieb 1859 in *On the Origin of Species* auf Seite 44:

> (...) Nor shall I here discuss the various definitions which have been given of the term species. No one definition has as yet satisfied all naturalists; yet every naturalist knows vaguely what he means when he speaks of a species.

Es gab also bereits zu Darwins Zeiten unterschiedliche Defintionen des Art-Begriffes.

Das biologische Artkonzept
Im späten 19. Jahrhundert begann ein langsames Umdenken bei vielen Biologen, der Fokus verschob sich vom tyoplogischen Denken hin zum Populationsdenken, und im Jahre 1942 formulierte Ernst Mayr in *Systematics and the Origin of Species* sein biologisches Artkonzept (Biological Species Concept, BSC), das fortan eine bedeutende Rolle spielte und weiterhin spielt:

> Arten sind Gruppen von wirklich oder potenziell sich fortpflanzenden natürlichen Populationen, die reproduktiv von anderen solchen Gruppen isoliert sind. (Mayr 1942, reviewed 1970, reprint 1999: 120)

Das phylogenetische oder evolutionäre Artkonzept
In einer von drei Versionen dieses Konzepts (diagnostizierbares Konzept) wird die Art definiert als:

> ... kleinste Menge von Populationen, die diagnostizierbar sind aufgrund der einzigartigen Kombination ihrer Merkmale. (Mayden 1997: 405)

In einem ersten Schritt müssen also nach dem morphologischen Artkonzept verschiedene Populationen (Arten) anhand morphologischer Merkmale diagnostiziert und isoliert werden, bevor im zweiten Schritt mittels DNA-Sequenzierung ein phylogentischer Baum (vgl. S. 83) erstellt werden kann, der die evolutionären Beziehungen grafisch darstellt. Dieses Artkonzept baut also in der Praxis auf dem morphologischen Artkonzept auf und macht Abstammungsverhältnisse dieser morphologisch definierten Arten sichtbar.

Weitere Artkonzepte
1997 diskutiert Richard Mayden 24 verschiedene konkurrierende Artkonzepte, die im Rahmen dieses Buches aber nicht im Detail vorgestellt werden können.
2011 stellt Bernhard Hausdorf fest:

> Obwohl die „Spezies" eine der wichtigsten Einheiten in der Biologie ist, wird die Definition des Begriffes immer noch kontrovers diskutiert. (...) Die endlosen Debatten über das Spezies-Konzept haben Frustration erzeugt und ein abnehmendes Interesse an der Weiterentwickung des Konzepts. (Hausdorf 2011: 923)

Dennoch schlägt er ein weiteres Konzept vor, das **„differential fitness species concept"**. Die akademische Debatte geht also weiter.

Rechts: Ein Beipiel eines phylogenetischen Baums, in dem die evolutionären Beziehungen der Gattung *Helleborus*, der sechs Sektionen innerhalb der Gattung, sowie von morphologisch definierten Arten dargestellt sind auf Basis einer DNA-Sequenzierung. Hier wird deutlich, dass die Ergebnisse einer solchen Analyse nur sinnvoll und erhellend sein können, wenn zuverlässig „echtes" Pflanzenmaterial gesammelt und für die Laboranalyse zur Verfügung gestellt wird. In dem rechts abgebildeten Baum stammte jedoch zum Beispiel das Pflanzenmaterial für *H. multifidus bocconei* aus der Toskana (mündl. Mitteilung von Will McLewin), wo aber *H. multifidus bocconei* gar nicht, sondern wo stattdessen *H. liguricus* vorkommt. Es entsteht der irreführende Eindruck, dass *H. multifudus bocconei* evolutionär dicht neben *H. orientalis* steht. Sehr viel plausibler ist aber, dass der immergrüne, weißlich bis reinweiß blühende *H. liguricus* dem weißlich bis reinweiß blühenden *H. orientalis* evolutionär sehr nahe steht. Beide Arten haben eine sehr ähnliche Morphologie des Blattes, das bei *H. bocconei* sehr verschieden ist, was in den Artbeschreibungen in Teil 3.4 deutlich wird. Es wird sehr klar, dass der Wert einer solchen Analyse vollkommen abhängig ist von der Qualität, das heißt „Echtheit" des mittels morphologischem Artkonzept ermittelten und zur Verfügung gestellten Pflanzenmaterials.

Sehr irritierend und interessant ist hier der große evolutionäre Abstand zwischen *H. odorus* (Ungarn) und *H. odorus* (Slowenien), was zunächst widersinnig erscheint. Letzteren allerdings klassifiziert der Autor als *H. viridis* (S. 136). Plausibel hingegen erscheint die enge evolutionäre Beziehung zwischen *H. virids viridis* und *H. purpurascens*. Morphologisch unterscheiden sich diese beiden Taxa tatsächlich fast nur durch die deutlich unterschiedliche Blütenfarbe. (Taxon 50, 2001)

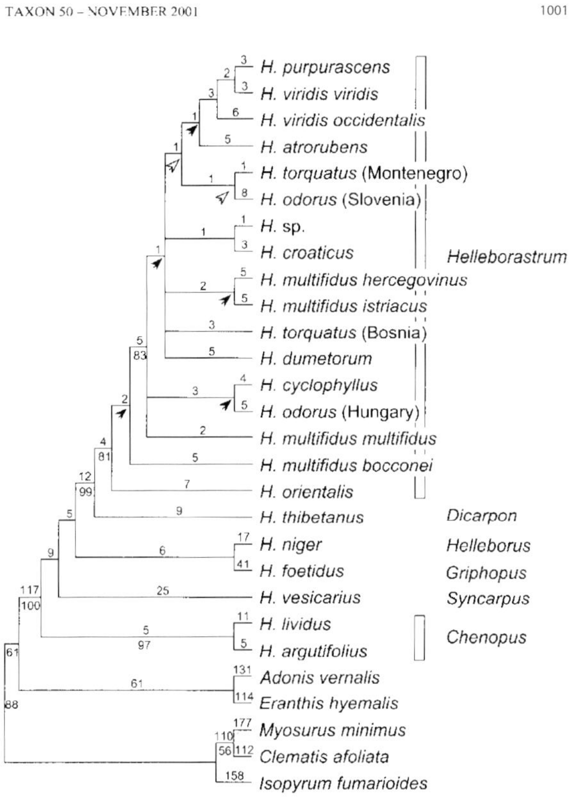

Fig.2. One of 134 most-parsimonious trees obtained with successive weighting based on combined data (*trnL-F, matK*, ITS), Fitch length 1310, CI = 0.80, RI = 0.70 (weighted TL. = 861.92057, CI = 0.96, RI = 0.92). Fitch branch lengths are shown above and bootstrap percentages below the branches. Branches not present in the strict consensus of either the equally weighted or SW trees are indicated with solid arrows. Branches not present in the strict consensus of the equally weighted trees are indicated with open anows. The vertical bars show the position of the two sections *Helleborastrum* and *Chenopus* that contain more than one species.

Fazit des Autors: Bis zur Erreichung eines vereinheitlichten Artkonzeptes, das für alle praktischen und theoretischen Anwendungen als gültig anerkannt wäre, bleibt die einzig entscheidende Frage: Welchem Zweck soll eine Spezies-Definition dienen, welches Artkonzept soll also jeweils zugrunde gelegt werden? Soll es der praktischen Identifizierung und Klassifizierung von Populationen oder von Individuen dienen, oder soll es eine biologische Erklärung für die Existenz von Arten sein? Und da geben Robert R. Sokal und Theodore J. Grovello (1970) eine klare Antwort:

> Das biologische Spezies-Konzept ist unpräzise in seiner Formulierung und nicht anwendbar in der Praxis. (Sokal and Grovello 1970: 145)

Oder wie Arthur Cronquist es sehr deutlich beschreibt:

> (...) Möglicherweise entwickeln Zoologen nicht dasselbe Gefühl wie Botaniker dafür, dass Arten stets in der Natur identifizierbar sind. Vielleicht erscheint es ihnen daher weniger abwegig, von der Annahme auszugehen, man könne einige Arten tatsächlich nicht identifizieren, indem man sie einfach mit dem bloßen Auge oder mit einer Lupe betrachtet. (...) Der Botaniker in der Natur, andererseits, findet das morphologische Spezies-Konzept grundsätzlich zufriedenstellend, und ist geneigt, ein Konzept abzulehnen, das die Identifizierung im Feld beeinträchtigt. (Cronquist 1988: 67)

Diese Sichtweise entspricht grundsätzlich dem Ansatz des Autors bei den folgenden Erwägungen zu einer pragmatischen Klassifizierung.

Vertiefende Betrachtung zu 2.1: Biologische Art und morphologische Art

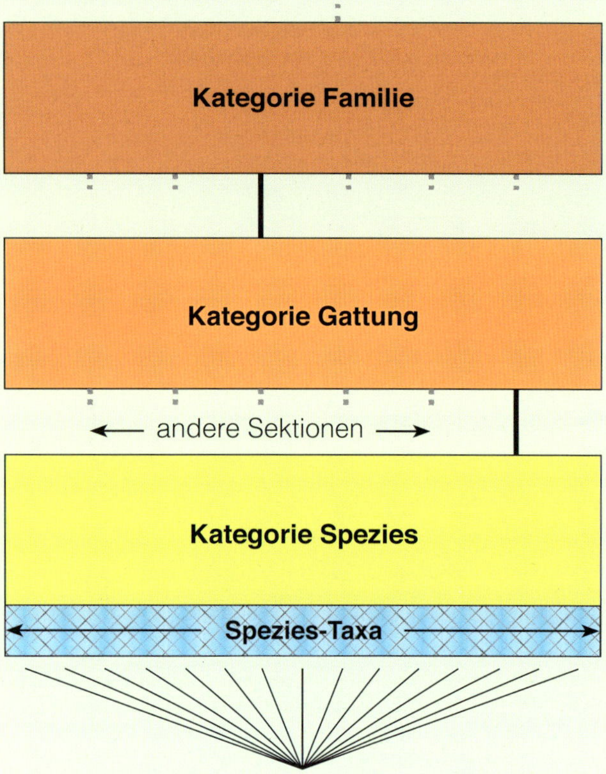

Morphologisch diffus und mit großen Schnittmengen mangelhaft gegeneinander abgegrenzte Populationen von Arten innerhalb der Gesamtpopulation von *H. Helleborastrum* (vgl. Diagramm S. 85)

Das Spannungsverhältnis zwischen der Spezies als **biologische Kategorie** (Mayr 1942), nämlich als Rangstufe innerhalb der taxonomischen Hierarchie einerseits, und der Art als **morphologisch abgegrenzte Entität** (Cronquist 1988), also als **Spezies-Taxon,** das den Inhalt der Kategorie abgrenzt, andererseits, mündet in die fundamentale Frage, ob der Begriff „Art" bei *Helleborastrum* im biologischen oder im morphologischen Sinne zu verstehen und zu verwenden sei.

Wo in der botanischen Praxis der jeweilige Autor je nach Forschungsrichtung zielgerichtet das eine oder das andere Konzept anwendet, wird dies dem Leser meist ersichtlich.

Problematisch wird es dann, wenn Autoren in einer taxonomischen Abhandlung die beiden Konzepte unbewusst vermengen, und dies dem Leser verborgen bleibt.

Die Frage nach dem biologischen oder morphologischen Konzept für botanische Arten kann auch in zwei direkten Fragen ausgedrückt werden:

- Wenn mehrere räumlich getrennte Populationen eine gemeinsame tatsächliche oder potenzielle Fortpflanzungsgemeinschaft bilden, gehören diese dann alle zu derselben Art?
- Wenn mehrere räumlich getrennte Populationen durch eine homogene Pflanzenmorphologie geprägt sind, gehören diese dann alle zu derselben Art?

Es ist von entscheidender Bedeutung zu verstehen, dass bei *H. Helleborastrum* die

- Auffassung der Art als **biologisches Spezies-Taxon nicht operational ist** bei der Abgrenzung beziehungsweise der Identifizierung verschiedener morphologischer Entitäten (Taxa) am Wildstandort oder in Kultur. Als biologische Art wird man stets nur *H. Helleborastrum* abgrenzen bzw. identifizieren können.
- Die Auffassung der Art hingegen als **morphologisch abgegrenztes Spezies-Taxon ist operational** bei *Helleborastrum* bei der Identifizierung eindeutig unterschiedlicher morphologischer Entitäten, allerdings unter der Maßgabe, dass diese morphologischen Entitäten klar voneinander abgegrenzt zu sein haben.

Ein Vergleich der beiden Diagramme auf dieser Doppelseite zeigt: Nur unter Inkaufnahme eines relativ großen **Rests** von morphologisch nicht beschriebenen und nicht abgegrenzten Individuen gewinnt man innerhalb von *H. Helleborastum* eine überschaubare Gruppe klar und sinnvoll abgegrenzter Spezies-Taxa.

Vertiefende Betrachtung zu 2.3: Das Konzept der b-Spezies und der t-Spezies

Hier soll in einer Zusammenschau versucht werden, das relativ komplexe Gefüge der Begriffe und ihrer jeweiligen Bedeutungen und Inhalte übersichtlich darzustellen.

In einem ersten Schritt muss dringend beachtet werden, wie Mayr (1996) immer wieder deutlich betont und fordert, dass der Begriff „Spezies“ für zwei verschiedene Bedeutungsebenen verwendet wird:

Innerhalb jedes Spezieskonzepts müssen zwei Bedeutungsebenen des Begriffes „Spezies“ unterschieden werden:

- „Spezies“ in der Bedeutung von **„Kategorie“** oder **„Rangstufe“** innerhalb der Linnéschen Hierarchie
- „Spezies“ in der Bedeutung von **„Spezies-Taxon“.** Auch hier zwei Ebenen:
  - **biologisches Spezies-Taxon** →
  - **taxonomisches Spezies-Taxon** →

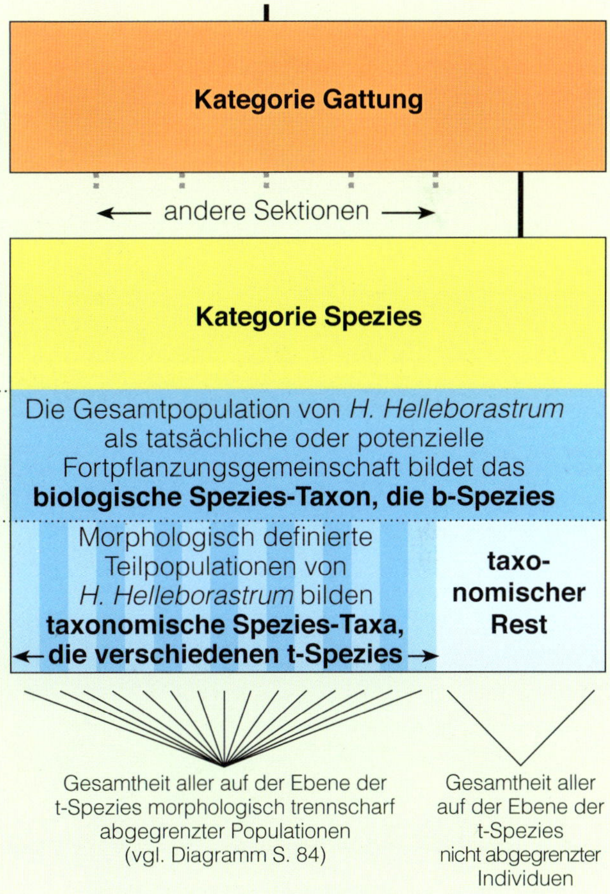

In einem zweiten Schritt erscheint es dem Autor für eine operationale und hilfreiche Taxonomie der Gattung *Helleborus* notwendig, auf der Bedeutungsebene des Spezies-Taxons klar zu unterscheiden zwischen
dem **biologisch definierten Spezies-Taxon** und dem **morphologisch definierten Spezies-Taxon**.

Die oft undifferenziert und diffus verwendeten Begriffe „Spezies“ und „Taxon“ werden hierdurch jeweils zielgenau präzisiert, jeweils durch ein sprachliches Attribut. Es entstehen klare Begriffe für klar zu bezeichnende Entitäten, wodurch für *Helleborastrum* unmittelbar eine klare Unterscheidbarkeit geschaffen wird zwischen:

- **b-Spezies** (die biologische Spezies)
- **t-Spezies** (die taxonomische Spezies)

Im Wesentlichen entsprechen die t-Spezies den bisherigen „Spezies“, sind hier aber neu definiert mit zwei entscheidenden Anpassungen:

- Die Beschreibungen und Abgrenzungen einzelner t-Spezies erfolgen strikt nur nach äußeren morphologischen Merkmalen und sind **enger und damit trennscharf gefasst**, sodass jeweils keinerlei Überschneidungen zwischen den t-Spezies auftreten.
- Da die morphologischen Artabgrenzungen enger gefasst sind, entsteht innerhalb von *Helleborastrum* insgesamt auf der t-Spezies-Ebene eine Restgruppe von nicht abgegrenzten Individuen, der **taxonomische Rest.**

2.4 Vertiefende Betrachtung: Die praktische Anwendung des Konzepts der t-Spezies

2.4.1 Klassifizierung

Mit „Klassifizierung" ist hier die Aufteilung der Gesamtpopulation der Lenzrosen (Sektion *Helleborastrum*) in verschiedene, morphologisch eindeutig abgegrenzte t-Spezies gemeint, sowie die Zuweisung von Namen. Hier zunächst eine Definition:

- Eine **botanische t-Spezies** ist eine Teilmenge aller Pflanzen in einer Gattung, deren unmittelbar erkennbare und beschreibbare Morphologie unterschiedlich ist und sie unterscheidbar macht von allen anderen Pflanzen in der Gattung, die (Teilmenge) in sich selbst innerhalb klar definierter Grenzen morphologisch homogen ist, und für die eine oder mehrere definierende Populationen bestehen, in denen ein signifikanter Anteil der Pflanzen der Beschreibung entspricht.

In dieser Definition ist nicht viel Neues, mit der Ausnahme des letzten sehr bedeutsamen Teilsatzes. Es ist im Wesentlichen das traditionelle Konzept morphologischer Klassifizierung. Die Bedingung jedoch, dass in einer Population „... ein signifikanter Anteil der Pflanzen der Beschreibung entspricht" resultiert in zwei verschiedenen Typen von Populationen:

- Populationen **von t-Spezies-Pflanzen**
- Populationen **mit t-Spezies-Pflanzen**.

Ein Beispiel: Bei der Identifizierung von Lokalpopulationen bedeutet die Anwendung des t-Spezies-Konzepts, dass eine Population, die beispielsweise signifikant geprägt ist von *t-atrorubens*-Individuen, dann eine Population **von *H. t-atrorubens*** ist.
Wenn sie jedoch nur einige *t-atrorubens*-Individuen enthält und ansonsten keine t-Spezies-Exemplare, dann ist es eine Population von *Helleborastrum* **mit *H. t-atrorubens***-Individuen (vergleiche Diagramm S. 54).

- Der Begriff der b-Spezies deckt das Konzept der biologischen Art ab, welches der eigentliche Raum für vermutlich weiterhin andauernde wissenschaftliche Diskussionen über **„das Speziesproblem"** bleiben wird.

Der b- und t-Spezies Ansatz mag auf den ersten Blick etwas kompliziert erscheinen, er ist aber tatsächlich einfach und geradlinig und funktioniert in der Praxis gut. Nach vielen Jahren Feldforschung mit der verwirrenden Formenvielfalt vor Ort und den regelmäßigen Problemen mit einer klaren Bestimmung der Pflanzen und Populationen, sind diese Probleme nun weitestgehend gelöst. In Kultur werden nun alle zweifelhaften Pflanzen, die dauerhaft keiner der t-Spezies-Beschreibungen entsprechen, als *H. Helleborastrum* identifiziert.

Im Zusammenhang mit seinem Spezies-Konzept **schlägt Will McLewin** (2019: 105) **eine dritte Spezies-Kategorie vor, seine „p-Spezies"**. Er definiert:

> „P-Spezies sind die Gesamtheit der einen oder der vielen t-Spezies-Kolonien mit diesem Namen und werden als solche identifiziert durch das Vorhandensein der t-Spezies-Pflanzen. Sie sind definiert durch ihre Herkunft oder den Ort und die entsprechende t-Spezies" (vgl. S. 215).

In diesem „p-Spezies"-Konzept vermengt McLewin streng raumgebundene Kriterien (lokale „Kolonie" oder „Kolonien"), implizit biologische Kriterien (die „Kolonie" als Fortpflanzungsgemeinschaft) und morphologische Kriterien (die namensgebende t-Spezies) zu einer dritten Spezies-Kategorie. Das Ergebnis ist eine höchst verwirrende und unangemessene Vermengung der beiden unvereinbaren Konzepte der b-Spezies als **biologische Kategorie** mit der t-Spezies als **morphologisch abgegrenztes Taxon**.

Diese vier Bilder typischer Vertreter aus unterschiedlichen Populationen innerhalb der biologischen Spezies *H. Helleborastrum* verdeutlichen den praktischen Sinn und Nutzen einer inneren Aufteilung der Sektion in operationale, also beschreibbare und identifizierbare morphologisch definierte t-Spezies. Eine rein biologisch definierte Klassifikation pauschal als *H. Helleborastrum* wäre hier auf der praktischen Ebene nicht hilfreich, denn eine klare Ansprache der unterschiedlichen morphologischen Gruppen wäre nicht möglich. Wir müssten und würden uns mit viel verbalem Aufwand spontan und sofort wieder auf morphologische Gruppen beziehen, und zwar genau auf jene, die hier als t-Spezies abgebildet sind.

Diese Betrachtungsweise resultiert in einem künstlich fabrizierten hybriden b-t-Spezies-Konzept, mithilfe dessen versucht werden soll, solch grundverschiedene Konzepte wie „biologisch", „morphologisch" und sogar „räumlich" zu vereinigen.

Darüber hinaus würde in jedem einzelnen Fall eine konkrete Identifizierung von Einzelpflanzen in Kultur von dem vollkommen Taxonomie-fremden Kriterium der lokalen Herkunft abhängen, das heißt zuverlässige, aktuelle (lokale Population entstehen und verschwinden) und sehr detaillierte Kenntnisse über den t-Spezies-Status der Herkunftspopulation. Diese Anforderungen sind nicht nur völlig unrealistisch, sondern auch unvereinbar mit taxonomischen Kriterien. Daher hält der Autor das von McLewin vorgeschlagene „p-Spezies"-Konzept für irreführend und ungeeignet, sowohl im taxonomischen, als auch im praktischen Sinne.

2.4.2 Identifizierung von Einzelpflanzen

Im Rahmen der Identifizierung von Lenzrosen-Arten gibt es grundsätzlich zwei unterschiedliche Kontexte:

- Natürliche Populationen mit Einzelpflanzen: Eine natürliche Lenzrosen-Population als Ganzes wird fast immer eine Mischung aus t-Spezies-Pflanzen und nicht klassifizierten Pflanzen sein. Die Individuen beispielsweise in einer Lokalpopulation von *t-atrorubens*, die der Beschreibung der t-Spezies entsprechen, werden als *t-atrorubens* identifiziert, alle anderen sind *H. Helleborastrum*-Pflanzen.
- Einzelpflanzen in Kultur: Solche Exemplare, die meist aus sehr verschiedenen, oft mehr oder weniger unbekannten Quellen stammen, können nur dann zuverlässig als t-Spezies-Pflanzen identifiziert werden, wenn eine **gesicherte Wildherkunft** vorliegt, und wenn sie der t-Spezies-Beschreibung entsprechen. Im Zweifel müssen sie als *Helleborastrum* identifiziert werden.

2.4.3 Nomenklatur und Etikettierung

Dieser sowohl botanische als auch gärtnerische Aspekt einer Klassifizierung kann weitreichende Folgen haben für ein besseres Verständnis der Lenzrosen. Während in der Botanik der Internationale Code der Nomenklatur für Algen, Pilze und Pflanzen (ICN) gilt, und dort ein Regelwerk bildet für nomenklatorische Fachausdrücke, Rangstufenbezeichnungen und wissenschaftliche Namensgebung, gilt im Gartenbau der Internationale Code der Nomenklatur der Kulturpflanzen (engl. ICNCP), in dem, zusätzlich zu den Regeln des ICN für Spezies-Pflanzen, festgelegt ist, wie Kulturpflanzen international anhand der Namengebung eindeutig identifizierbar zu sein haben.

Beiden Codes ist gemeinsam, dass sie nicht nach der wissenschaftlichen oder gärtnerischen Gewissheit oder Integrität der jeweiligen Namenszuschreibung fragen. Und wie sollte man auch per Vorschrift unterscheiden wollen zwischen „Identifizieren nach strengsten wissenschaftlichen Maßstäben", „Identifizieren nach bestem Wissen und Gewissen", oder gar „Identifizieren durch oberflächliches Hinschauen"? Es gibt im Bereich der Lenzrosen-Arten Beispiele dafür, wie offizielle taxonomische Zuweisungen erfolgen, offenbar ohne dass vor Ort die Pflanzen jemals wirklich genau studiert worden wären.

Auch manche Berufs- und Hobbygärtner sind mitunter recht großzügig bei ihrem Umgang mit der Etikettierung ihrer Pflanzen. Dies ist dann umso verwunderlicher, wenn eigentlich schon lange bessere Erkenntnisse vorliegen, diese aber unbekannt sind oder einfach ignoriert werden. Im deutschsprachigen Raum zum Beispiel wird immer noch viel zu häufig der Name „*orientalis*-Hybride" verwendet, obwohl international schon seit vielen Jahren der korrekte Name „*Helleborus* x *hybridus*" anerkannt ist: nicht alle *Helleborus*-Hybriden stammen von *H. orientalis* ab. Viele gute und schöne Gartenhybriden gehen nachweislich aus ganz anderen Elternteilen hervor.

Abschließend sei hier die fragwürdige Praxis erwähnt, wo beispielsweise spontan angesetzter Samen von Einzelpflanzen in Kultur – vermeintlichen Speziespflanzen? – unter einem Artnamen abgegeben, und die daraus gewonnen Pflanzen später unter diesem Artnamen weiter kultiviert werden. Zuallermeist sind diese in Wirklichkeit Gartenhybriden, und daher wäre hier eine korrekte Etikettierung als *Helleborus* x *hybridus* angezeigt.

Für die Etikettierung von Einzelpflanzen in Kultur aus der Sektion *Helleborastrum* bietet sich folgende Struktur an:

1. Wo es sich um eine Pflanze mit gesicherter Wildherkunft handelt, welche die Merkmale einer t-Spezies-Beschreibung aufweist, ist es eine **t-Spezies-Pflanze**, zum Beispiel ***Helleborus t-atrorubens***.
2. Wo es sich um eine Pflanze mit gesicherter Wildherkunft handelt, die nicht die Merkmale einer t-Spezies-Beschreibung aufweist, ist es eine **b-Spezies-Pflanze**, also ***Helleborus Helleborastrum***.
3. Wo es sich um eine Pflanze ohne gesicherte Wildherkunft handelt, die daher nicht eindeutig als Wildpflanze zu identifizieren ist, die aber trotzdem alle Merkmale der Beschreibung einer der t-Spezies aufweist, ist es eine **t-Spezies-Typ-Pflanze**, zum Beispiel ***Helleborus t-atrorubens-Typ***.
4. Wo es sich um eine unbestimmbare Pflanze handelt, die weder eine gesicherte Wildherkunft hat, noch einer der t-Spezies-Beschreibungen entspricht, ist es ein Exemplar von ***Helleborus* x *hybridus***.

H. liguricus mit *Eranthis hyemalis* im hohen Apennin in Italien, 900 m

Duplikat der Sammlung aller Wildarten der Sektion *Helleborastrum* des Autors in den Merian Gärten in Basel. Es sind von jeder Art drei typische Vertreter aufgepflanzt. Oben: Im Vordergrund *H. t-hercegovinus*, im Hintergrund links *H. t-atrorubens*.

Duplikat der Sammlung aller Wildarten der Sektion *Helleborastrum* in der Stiftung Arboretum Park Härle in Bonn-Oberkassel.
oben: *Helleborus t-liguricus* Mitte Dezember; unten: links vorne *Helleborus t-dumetorum*, in der Mitte *Helleborus t-occidentalis*

Ein Beispiel für *H. t-multifidus* in Kultur; die roten Blütenstängel sind nicht arttypisch, wirken hier aber sehr prägend

Ein Beispiel für *H. t-malyi* an einem Waldrand in Serbien; Situation im Schutz der Gehölze mit ausreichend Licht, 1200 m

Teil 3 Eine angemessene Ordnung der Lenzrosenarten

Angemessene Ordnung

Hiermit kommen wir nun zur konkreten Umsetzung der grundsätzlichen Lösung aus Teil 2 für die in Teil 1 aufgezeigten Probleme. Und hiermit beginnt auch endlich der konstruktive Teil der gesamten Arbeit, denn nun kann eine bessere Übersicht über die morphologisch definierten Arten innerhalb der Sektion *Helleborastrum* geschaffen und vorgestellt werden.

Neben einer klareren Klassifikation erfüllt diese Neuordnung zugleich auch die strikte Bedingung weitestgehender Stimmigkeit zwischen:

- der wahrnehmbaren Realität in der Natur einerseits
- dem Konstrukt einer taxonomischen Klassifikation andererseits.

Das Ziel der folgenden Kapitel in Teil 3 ist, zunächst brauchbare, das heißt unmittelbar leicht erkennbare Merkmale zu finden, zu diskutieren und festzulegen, nach denen t-Spezies definiert bzw. gegeneinander abgegrenzt werden können. Aber zunächst ein wichtiger Hinweis: Bleiben wir uns bitte stets bewusst, dass bereits aus einer ganz leicht veränderten Perspektive bei der Betrachtung der Natur das Verbindende innerhalb unserer Sektion sehr viel deutlicher sichtbar und auch bedeutsamer ist, als das hier durch Abgrenzung der t-Spezies aufgezeigte Trennende und Abgrenzende. In der Natur entwickeln sich im Verlaufe der Evolution morphologisch unterschiedliche Populationen nicht, um gegeneinander abgegrenzt zu sein, sondern sie sind das Ergebnis einer natürlichen Selektion, und damit einer Anpassung an gegebene und sich stetig wandelnde Lebensbedingungen in ökologisch unterschiedlichen Naturräumen. Wenn diese morphologisch verschiedenartigen Populationen untereinander fortpflanzungsfähig bleiben, ist dies ein sehr sinnfälliger Hinweis darauf, wie „wertkonservativ" Evolution tatsächlich auch wirken kann.

Klassifikation auf der Ebene der Spezies ist das Ergebnis der Gliederung einer Gattung in möglichst „zweckmäßige" Einheiten. Dabei spielen auch Meinungen eine bedeutende Rolle, wenn man beispielsweise der Ansicht ist, man solle möglichst das Verbindende in der Natur respektieren und abbilden, und daher Gattungen in möglichst wenige, sinnvolle Spezies aufspalten, oder, wenn andererseits andere Taxonomen der Meinung sind, man solle möglichst weit und tief aufspalten, und jeder Lokalpopulation mit leicht abweichender Morphologie einen eigenen Speziesstatus zuweisen. Wenn man letztere Auffassung ins Extrem zu Ende denkt, könnte man schließlich jeder einzelnen Pflanze einen eigenen Speziesstatus geben, da auf dieser Welt keine zwei, nicht geklonte, Lebewesen morphologisch absolut identisch sind.

Wir wollen hier also einen vernünftigen Mittelweg gehen, der ein Ergebnis bringen soll, das **zugleich realitätsnah und hilfreich** ist für unsere ganz praktischen Klassifikationsbedürfnisse.

In Kapitel 3.3 werden Gruppen gebildet aus Spezies, die sich innerhalb der Sektion untereinander in bestimmten Merkmalen ähnlicher sind als anderen solchen Gruppen, und die daher in unserer geistigen Vorstellung aufgrund ihrer Morphologie sinnvollerweise zusammengehören. Diese Gruppierungen folgen teilweise subjektiven Wahrnehmungen und Impulsen, und natürlich sind andere Gruppierungen vorstellbar, zum Beispiel primär nach der Morphologie der Blätter, nach immergrünem oder einziehendem Laubverhalten, nach Duft oder Duftlosigkeit, oder nach durchschnittlicher Pflanzengröße.

Die Gruppen und einzelne Mitglieder werden ab Seite 192 im Anschluss an die umfangreiche Vorstellung der revidierten Spezies noch einmal kritisch diskutiert.

3.1 Abgrenzung durch primäre und sekundäre Merkmale

Nur drei der verschiedenen morphologischen Merkmale von *Helleborastrum* weisen ausreichende Objektivität, Beständigkeit und Unterscheidungsqualität auf, um nützlich zu sein für eine grundlegende Klassifizierung der gesamten Sektion. Diese sollen hier, strikt nur auf *Helleborastrum* bezogen, bezeichnet werden als

Primäre Merkmale:

- Anzahl der Teilblättchen (Blattmorphologie)
- Blütengröße } (Blütenmorphologie)
- Blütenfarbe }

Einige zusätzliche morphologische Merkmale können hilfreich sein für vernünftige weitere Abgrenzungen. Diese werden hier bezeichnet als

Sekundäre Merkmale:

- Duft
- Länge des Blütenstandes
- Laubverhalten
- Morphologie der Blattränder
- Morphologie der Fruchtknoten
- Morphologie der Nektarblätter
- Pflanzenhaare

Die genannten sekundären Merkmale werden nützlich sein, ja manchmal sogar entscheidend, wobei „sekundär" hier zusätzlich die tiefere Bedeutung hat, dass diese Merkmale mitunter geprägt sind von etwas geringerer Sicherheit hinsichtlich einer möglichst objektivierbaren Bewertbarkeit. Duft zum Beispiel kann von Menschen durchaus unterschiedlich wahrgenommen und beschrieben werden.

Auch bei den primären Merkmalen kann es zwischen verschiedenen Menschen zu Abweichungen z.B. in der Farbwahrnehmung und der Farbbenennung kommen, insbesondere natürlich dann, wenn es um Feinheiten von Farbnuancen geht. Ob jemand beispielsweise eine Farbe als Grün oder als Gelbgrün oder als Grüngelb wahrnimmt und beschreibt, hängt ganz wesentlich von dem praktischen und theoretischen Erfahrungshintergrund der jeweiligen Person ab.

Selten ist ein einzelnes primäres Merkmal allein konsistent oder markant genug für eine klare Artabgrenzung, aber eine Kombination aus allen drei Merkmalen wird in der Regel verlässlich genug sein, um t-Spezies-Populationen an Wildstandorten identifizieren zu können. Dies widerspricht nicht dem in Teil 1 umrissenen Klassifikationsproblem, denn es handelt sich hier um t-Spezies, und in diesem Konzept wird das Problem der großen morphologischen Variationsbreite aus Teil 1 eliminiert durch das Herausfiltern aller nicht klassifizierten Einzelpflanzen.

Dennoch muss betont werden, dass alle morphologischen Merkmale grundsätzlich zu einem gewissen Grad mit Unsicherheiten behaftet sind, was sowohl auf die einfachen und quantitativ erfassbaren Merkmale wie Blütengröße oder Anzahl der Teilblättchen zutrifft, als auch auf die eher subjektiv erfassbaren Merkmale, wie beispielsweise Duft oder Farbton. Und, da alle Mitglieder der Sektion *Helleborastrum* grundsätzlich dieselbe morphologische Grundstruktur haben, ist es eminent wichtig, bei einer Klassifizierung eine sehr sorgfältige und nuancierte Bewertung der jeweiligen Merkmalskombinationen vorzunehmen.

Oft wird es an Wildstandorten genügen, die allgemeinen Verbreitungsangaben zu kennen und die wesentlichen morphologischen Merkmale der Pflanzen am Ort zu analysieren, um die gefundene t-Spezies-Population klar benennen zu können. Aber es wird auch Fälle geben, wo eine tiefere Analyse nötig sein wird, um zu einer klaren Aussage über den taxonomischen Status einer Population und der darin enthaltenen Einzelpflanzen zu kommen.

Bei *Helleborastrum* ist das Kriterium der Anzahl bestimmter Pflanzenorgane für die taxonomische Abgrenzung eng begrenzt, und außer der Anzahl der Teilblättchen eignet sich keines der übrigen morphologischen Merkmale quantitativ für eine Artabgrenzung. Fruchtblätter lassen sich leicht zählen, die Variationsbreite ihrer Anzahl ist aber quer durch die gesamte Sektion sehr ähnlich, und ermöglicht somit keine Artabgrenzung. Auch die messbare Größe von Blättern variiert in ähnlicher Weise innerhalb der allermeisten Populationen quer durch die Sektion.

Es ist wichtig zu betonen, dass bei der Identifizierung von Einzelpflanzen in Kultur ein sehr viel höheres Maß an Umsicht geboten ist, als bei der Identifizierung von Populationen von t-Spezies am Wildstandort. In der Natur bietet die Population viele Einzelexemplare in teilweise leicht unterschiedlichen Stadien ihrer Entwicklung, beispielsweise der Blüte oder der Blattentwicklung, die dort allesamt gleichzeitig erfasst werden können, sodass daher keine wesentlichen Parameter für eine eindeutige Identifizierung fehlen. Bei einer Einzelpflanze in Kultur fehlt diese breitere Übersicht, und eine sichere Identifizierung kann somit oftmals schwieriger sein.

Primäre Merkmale: Blattmorphologie, Blütengröße, Blütenfarbe

Blattform und Blattfarbe

Das wichtigste morphologische Merkmal ist hier der Anzahl der Teilblättchen (S. 22-27). Diese sind deutlich als solche **erkennbar an einer ausgeprägten eigenen Mittelrippe** im Gegensatz zu markant großen Blattrand-Zähnen, denen eine solche ausgeprägte Mittelrippe fehlt. Als Merkmal ist die Anzahl der Teilblättchen nur bedeutsam bei ausgewachsenen Pflanzen, da die Blätter von Jungpflanzen zunächst immer deutlich weniger komplex sind und weniger Teilblättchen aufweisen, und die Komplexität und die Anzahl der Teilblättchen erst mit zunehmender Reife typisch wird für die individuelle Pflanze.

Weitere Blatteigenschaften, die als kritische morphologische Merkmale dienen können für die Klassifizierung und daher auch für die Identifizierung sind (vgl. S. 28/29):

1. mehr oder weniger stark gesägter Rand der Teilblättchen,
2. die Breite der Teilblättchen,
3. die Behaarung der Blattunterseite,
4. die Farbe der Blätter,
5. Basalflecken am Grunde der Teilblättchen.

Alle Mitglieder der Sektion *Helleborastrum* haben mehr oder weniger stark gesägte bis hin zu auffällig stark doppelt gesägte Blattränder. Ähnliches gilt für die Behaarung, die eigentlich regelmäßig zumindest gering ausgeprägt ist, manchmal aber sehr stark und auffällig sein kann. Auch die Breite der Teilblättchen ist allgemein zu variabel, um als Unterscheidungsmerkmal dienen zu können, gelegentlich jedoch kann die Breite bedeutsam sein. Wo die Breite der Teilblättchen in Kapitel 3.4 als Merkmal für t-Spezies genannt wird, bezieht sie sich auf die durchschnittliche Breite des zentralen Teilblättchens. Die gelegentlich vorkommende tief rotbraune Färbung der frisch austreibenden Blätter stellt nirgendwo ein halbwegs konsistentes Unterscheidungsmerkmal dar, da es quer durch alle Populationen vorkommen kann. Dunkel rotbraune Basalflecken im Bereich der Verzweigungen der Teilblättchen kommen in vielen Populationen vor, fehlen jedoch vollkommen in anderen.

Blütengröße und Blütenform

Innerhalb der Sektion *Helleborastrum* variieren die Blütendurchmesser (S. 44) von 2,5 cm bis über 8 cm, sind aber innerhalb verschiedener Populationen konstant genug, um als gutes Abgrenzungsmerkmal zu dienen.

- Hier muss jedoch **dringend beachtet** werden, dass innerhalb des Blütenstandes jeder einzelnen Pflanze die Blütengröße stetig abnimmt (vgl. S. 44) von der Terminalblüte der zentralen Sprossachse, die sich als erste öffnet, bis zu der Terminalblüte der letzten Sprossverzweigung, die sich als letzte öffnet. Die Größenunterschiede innerhalb eines Blütenstandes einer Pflanze können bis zu knapp 50 % betragen. Will man also zu seriösen Vergleichsdaten kommen, ist es absolut entscheidend, stets die **größte Blüte** am jeweiligen Blütenstand als Grundlage für das Merkmal „Blütengröße" zu nehmen. Wo dies vernachlässigt wird, können taxonomisch falsche Zuordnungen entstehen.

Blütenfarbe und Farbmuster

Grundsätzlich bezieht sich das Merkmal „Blütenfarbe" bei *Helleborastrum* auf die Gesamtfarbe der Kelchblätter (S. 38/39). Jedoch sind dunkle Punktierungen und dunkle Äderungen im Inneren der Kelchblätter gelegentlich bedeutsam, und um die verschiedenen Formen dieser Merkmale von der allgemeinen Grundfarbe zu unterscheiden, wird hierfür der Begriff „Farbmuster" verwendet (S. 39, 42-43).

Die Verwendung von Blütenfarbe als taxonomisches Merkmal ist möglicherweise nicht unumstritten, und es gibt dafür wohl gute Gründe. Wenn beispielsweise in einer Population von *Hepatica nobilis* zwischen Hunderten von blauviolett blühenden Exemplaren vereinzelte weiß blühende Pflanzen auftreten, käme niemand auf die Idee, hier eine eigene, weiß blühende Art beschreiben zu wollen. Dasselbe gilt zum Beispiel für *Paeonia*-Populationen mit weißen Farbvarianten in einer ansonsten rot blühenden Population. Man würde hier von einer weiß blühenden Form (forma alba) sprechen. Bei *Helleborastrum* jedoch haben wir nicht eine Farbvariante einer in der Populationen ansonsten absolut dominierenden Grundfarbe, sondern wir beobachten, dass verschiedene Grundfarben in einzelnen Populationen stark vorherrschen.

Ob das Merkmal „Blütenfarbe" in den uns eher als „Blütenblätter" geläufigen Kronblättern auftritt, wie in vielen anderen Gattungen, oder wie in der Gattung *Helleborus* insgesamt, in den Kelchblättern, ist taxonomisch von untergeordneter Bedeutung. Die Farbe der jeweiligen Blütenorgane in den verschiedenen Populationen ist bei *Helleborastrum* konstant genug, um als Unterscheidungskriterium zwischen t-Spezies nützlich zu sein.

Nominell ist die wahrgenommene Grundfarbe der Blüten innerhalb von *Helleborastrum* in einigen Fällen einfach, meist irgendwo in dem Bereich von Weiß über Grün zu Gelb. Oft ist diese Grundfarbe etwas ungleichmäßig über das Kelchblatt verteilt, beispielsweise wenn weiße Kelchblätter um ihre jeweilige Mittelrippe herum etwas grünlich gefärbt sind.

Deutlich komplexer sind wahrgenommene Blütenfarben wenn Purpur ins Spiel kommt, wobei Purpur hier für den gesamten Bereich steht von Rotbraun über Rot und Weinrot bis zu Purpur, welches Violett mit einschließt. Allein das reine Vorhandensein oder Fehlen von Purpur in den Kelchblättern ist ein brauchbares Merkmal, ohne dass dabei präzise auf Farben oder Farbnuancen eingegangen werden muss. Hier ist die Farbe der Außenseite der Kelchblätter entscheidend, und selten sind die Farben der Außenseite und die der Innenseite identisch. Oftmals finden wir eine Mischung aus eher purpurnen und grünen Partien innerhalb der Gesamtfläche, was eine Beschreibung sehr kompliziert machen kann.

In *Helleborastrum*-Blüten können leuchtende Farben vorkommen, aber meist wirken die Farben im Bereich Purpur eher gedämpft durch eine mehr oder weniger dicke Wachsschicht (Cuticula), die über der rot gefärbten Epidermis und den darunterliegenden grün gefärbten Zellschichten liegt, und die zusätzlich eine Schutzschicht (Lotoseffekt) für das darunterliegende Gewebe bildet. Die Cuticula hat die Eigenschaft, den Blauanteil des weißen Tageslichts diffus so zu reflektieren, dass eine Blüte oder auch ein Blatt (zum Beispiel bestimmte *Hosta*-Sorten) farblich blauer wirkt, als der eigentliche Farbstoff des Pflanzenorgans es erzeugen würde. Wenn wir die Wachsschicht beispielsweise auf einer reifen Pflaume leicht reiben, sehen wir ungetrübt durch die Cuticula den eigentlich darunterliegenden Farbstoff – statt helles „Graublau" sehen wir plötzlich Dunkelrotbraun.

Die diffusen farbigen Punktierungen, die in der Innenseite der Kelchblätter bei *guttatus* regelmäßig und auch selten in einigen grün blühenden oder purpur blühenden Populationen auftreten, sind von dunkelroter Farbe.

Von diffuser Punktierung zu unterscheiden ist eine mehr oder weniger streifenförmige Punktierung, bei der die Punkte oftmals besonders konzentriert über den Leitbündeln der Kelchblätter auftreten, was den Eindruck einer „Äderung" entstehen lässt.

Sowohl die diffuse Punktierung als auch die „Äderung" kann sehr schwach bis sehr stark ausgeprägt sein. Das Vorhandensein von internen Farbmustern ist ein potenzielles Merkmal zur Abgrenzung von t-Spezies, aber es tritt nicht häufig genug auf, um als solches allgemein bedeutsam zu sein. Nur bei *H. t-guttatus* und bei *H. t-bosniacus* hat es eine entscheidende abgrenzende Funktion.

Sekundäre Merkmale

Sekundäre morphologische Merkmale werden für die Klassifizierung dort erwähnt und eingesetzt, wo sie taxonomisch notwendig sind. In den meisten Fällen werden sie nicht benötigt, und dort werden sie dann auch nicht erwähnt. Sie sind teilweise weniger konsistent und weniger markant als die primären Merkmale und daher mit gebührender Vorsicht und Detailgenauigkeit anzuwenden.

Morphologie der Nektarblätter

Bei den allermeisten Vertretern von *Helleborastrum* erscheinen von außen gesehen die röhren- oder tütenförmigen Nektarblätter (S. 35) an der Spitze entweder fast ganz geschlossen oder unregelmäßig röhrenförmig leicht offen, mit allen möglichen dazwischenliegenden Übergangsformen. Völlig dicht verschlossen sind diese Blütenorgane natürlich nie, denn der Nektar, der im Inneren der Röhre durch Nektardrüsen (die eigentlichen Nektarien) produziert wird, muss ja abfließen können, und zugänglich sein für Insekten.

Nektarblätter können anders gefärbt sein, und auch dunkle Streifung oder Ränder treten auf, aber diese Merkmale sind selten und finden sich quer durch etliche Vertreter der Sektion, was diese besonderen Färbungen oder Muster unbrauchbar macht als Abgrenzungsmerkmal.

In großen Populationen in Slowenien, Kroatien und Bosnien und Herzegowina tritt ein Typ von Nektarblatt auf, der sich von den oben genannten üblichen Formen deutlich unterscheidet durch seine auffällig weit geöffnete, manchmal fast kreisrunde Trichterform. Tritt diese besondere und auffällige Morphologie der Nektarblätter im Zusammenwirken mit anderen Merkmalen in Populationen sehr dominant auf, kann dies ein entscheidendes Merkmal zur Abgrenzung einer eigenen t-Spezies sein.

Morphologie des Fruchtknotens

Die gewöhnlich drei bis fünf Fruchtblätter, die gemeinsam den Fruchtknoten bilden, sind in den allermeisten Populationen von *Helleborastrum* an ihrer Basis, wo sie auf dem Blütenboden aufsitzen, für wenige Millimeter miteinander verwachsen (S. 135). In einigen Population jedoch sind sie regelmäßig nicht verwachsen, sondern frei, manchmal regelrecht gestielt. Diese besondere Qualität kann ein brauchbares Merkmal zur Abgrenzung sein.

Duft

Dieses Merkmal ist das „flüchtigste" von allen, weil es zwar während der gesamten Blütezeit der jeweiligen Populationen potenziell vorhanden ist, sich aber tatsächlich am prägnantesten bei warmer Witterung ausdrückt, welche die Nektarproduktion anregt. Da dieses Merkmal in den allermeisten *Helleborastrum*-Populationen fehlt, kann es daher umso nützlicher sein für die taxonomische Abgrenzung jener t-Spezies, bei denen es stetig vorhanden und deutlich wahrnehmbar ist.

Laubverhalten

Die jährlich neu wachsenden Laubblätter bei *Helleborastrum* weisen quer durch die Sektion ein unterschiedliches Verhalten bezüglich ihrer Haltbarkeit auf, wobei die Spanne von deutlich und früh laubabwerfend bis hin zu vollkommen immergrün reicht. Und zwischen diesen beiden Extremformen gibt es sämtliche möglichen Übergangsformen. Bei den früh einziehenden Populationen sterben die Blätter oftmals bereits im Frühherbst ab und sind bis zum Ende des Winters völlig zersetzt und aufgelöst. Bei den Immergrünen findet man oft noch im Sommer die grünen Blätter der vorherigen Vegetationsperiode gemeinsam mit den neuen. In Extremfällen können in Populationen in sehr wintermilden Klimaten in Italien Pflanzen mit drei Generationen grüner, intakter Blätter gefunden werden. In winterkalten Klimaten bleiben die Blätter immergrüner Pflanzen wie beispielsweise *H. t-odorus* über den Winter vollkommen grün, wenn sie geschützt sind unter einer Schneedecke, während strenge Kahlfröste diese Blätter dann doch zerstören.

Es gibt eine mediterran geprägte Population, bei der, ganz einzigartig innerhalb von *Helleborastrum*, die wintergrünen Blätter im Juni oder spätestens Juli absterben und ein neuer Blattaustrieb nach einer sommerlichen Trockenperiode ab Ende August einsetzt, meist gefolgt von dem Beginn der Blüte ab Mitte November. Dieses jahreszeitlich gesteuerte Laubverhalten wird von Einzelpflanzen auch in Kultur in Mitteleuropa genau so beibehalten ist offenbar eingeschrieben in die Gene.

Pflanzenhaare

Ein vertrautes Merkmal in der botanischen Klassifikation sind Pflanzenhaare (Trichome). Sie sind relativ leicht wahrnehmbar und leicht zu typisieren. Bei *Helleborastrum* sind Haare kein sofort offenkundig erkennbares Merkmal, und ihre Variabilität von Pflanze zu Pflanze reduziert ihre taxonomische Bedeutung. Dennoch ist das Vorhandensein oder Fehlen von Pflanzenhaaren gelegentlich ein brauchbares Merkmal.

Länge des Blütenstandes

Bei den meisten Vertretern von *Helleborastrum* erscheinen die neuen Laubblätter zeitlich nach den Blütenständen, und erreichen während ihres Wachstums mit der Zeit eine Höhe, mit der sie die Blütenstände zumindest teilweise überragen. Wo stattdessen die Blütenstände regelmäßig deutlich länger sind als die Blätter mit ihren Stielen (S. 151), hat man ein brauchbares Merkmal zur Artabgrenzung.

Blattrand der Teilblättchen

Bei *Helleborastrum* sind die Ränder der Teilblättchen regelmäßig gesägt (S. 28), allerdings ist die Ausprägung variabel von ganz fein bis zu doppelt gesägt und extrem grob mit sehr großen Zähnen, was dann recht spektakulär wirken kann. Insgesamt sind innerhalb der meisten Populationen der Sektion die Blätter unterschiedlich fein bis grob gesägt. Gelegentlich jedoch sind die Blätter sehr auffällig und regelmäßig so stark und grob gesägt, dass auch dieses Merkmal zur Artabgrenzung genutzt werden kann.

Vorjährige Blätter grün bei *H. t-liguricus*

Vorjährige Blätter trocken bei *H. t-odorus*

Vorjährige Blätter zersetzt bei *H. t-viridis*

3.2 Übersicht: Die morphologisch definierten Arten der Lenzrosen

Umfangreiche und wiederholte Untersuchungen an vielen Wildstandorten und von Wildpflanzen in Kultur führen im Lichte des in Teil 2 vorgestellten Artkonzepts unweigerlich zu Veränderungen in der Liste der 18 bisherigen Arten, die hier zur Erinnerung noch einmal in alphabetischer Reihenfolge aufgeführt sei:

Bisherige Arten

H. abchasicus	*H. istriacus*
H. abruzzicus	*H. liguricus*
H. atrorubens	*H. multifidus*
H. bocconei	*H. occidentalis*
H. croaticus	*H. odorus*
H. cyclophyllus	*H. orientalis*
H. dumetorum	*H. purpurascens*
H. guttatus	*H. torquatus*
H. hercegovinus	*H. viridis*

Die wichtigste Anpassung betrifft *H. torquatus*, wo die gegenwärtige Situation aus drei verschiedenen Gründen unbefriedigend ist:

Zum Ersten wurde die Art beschrieben auf der Grundlage einer in England in Kultur gefundenen Pflanze, die ursprünglich möglicherweise aus einem botanischen Garten in Deutschland stammte, wohin sie angeblich durch einen Pflanzensammler aus Serbien gelangt war. Eine zu lange Verkettung von ungesicherten Vermutungen und Möglichkeiten für Verwechslungen oder zwischenzeitlich stattgefundene Hybridisierung in Kultur.

Zum Zweiten ist die Breite der Formenvielfalt innerhalb der jeweiligen Populationen dieser „Art" viel zu groß, um eine vernünftige Einteilung und Abgrenzung nach bisheriger Praxis zu ermöglichen.

Und zum Dritten treten in den drei getrennten geografischen Regionen der Verbreitung dieser gegenwärtigen unbefriedigenden Art jeweils sehr eigenständige Merkmale auf, die eine Aufteilung in drei t-Spezies rechtfertigen.

- Der bisherige *H. torquatus* wird daher aufgegliedert in drei morphologisch sehr deutlich unterschiedliche t-Spezies:

  – *H. t-bosniacus*
  – *H. t-malyi*
  – *H. t-serbicus*

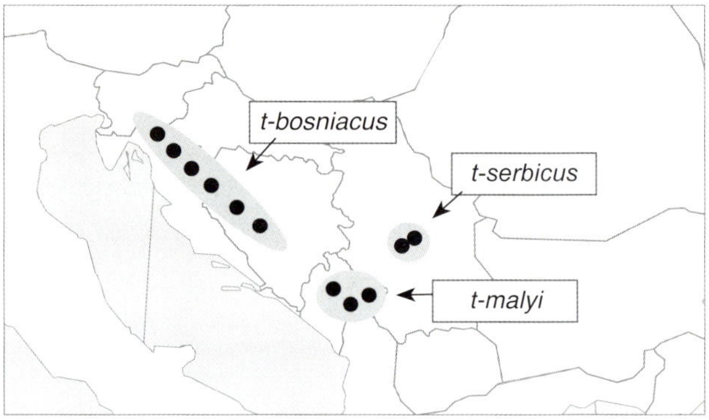

Regionale Verbreitung der drei verschiedenen t-Spezies (vgl. S. 77)

- Der bisherige *H. istriacus* wird synonymisiert. Dieses gegenwärtige Taxon stellte und stellt sowohl am Wildstandort als auch in Kultur immer ein Problem dar bei einer klaren Identifikation, weil es sich in keiner Weise überzeugend von *H. t-viridis* abgrenzen lässt. Eine Diskussion dazu folgt auf Seite 192.
- Eine neue Art, *H. t-slovenicus,* wird vorgeschlagen (vgl. S. 110)
- Ein besonderes Problem mit *H. t-cyclophyllus* wird auf Seite 193 diskutiert werden.

Die Aufgliederung von *H. torquatus* und die neu beschriebene Art *H. t-bosniacus* wurde von Will McLewin und dem Autor während vieler Jahre gemeinsamer Feldarbeit und Diskussion erarbeitet.

Für McLewins (2019) *H. t-gočensis* ist gemäß der Prioritätsregel der korrekte ältere Name der von Adamović 1906 beschiebenen Art *H. serbicus,* hier also *H. t-serbicus,* beizubehalten. (vgl S. 178)

Somit entsteht die Liste der 20 *Helleborastrum* t-Spezies für eine vertiefte Diskussion:

t-abchasicus	*t-liguricus*
t-abruzzicus	*t-malyi*
t-atrorubens	*t-multifidus*
t-bocconei	*t-occidentalis*
t-bosniacus	*t-odorus*
t-croaticus	*t-orientalis*
t-cyclophyllus	*t-purpurascens*
t-dumetorum	*t-serbicus*
t-guttatus	*t-slovenicus*
t-hercegovinus	*t-viridis*

Verschiedene Arten dieser Liste von t-Spezies haben durchaus graduell unterschiedliche Qualitäten der Abgrenzbarkeit. Einige sind sofort sehr offensichtlich abgegrenzt von allen anderen, andere lassen sich erst durch genaueres Hinschauen klar abgrenzen.

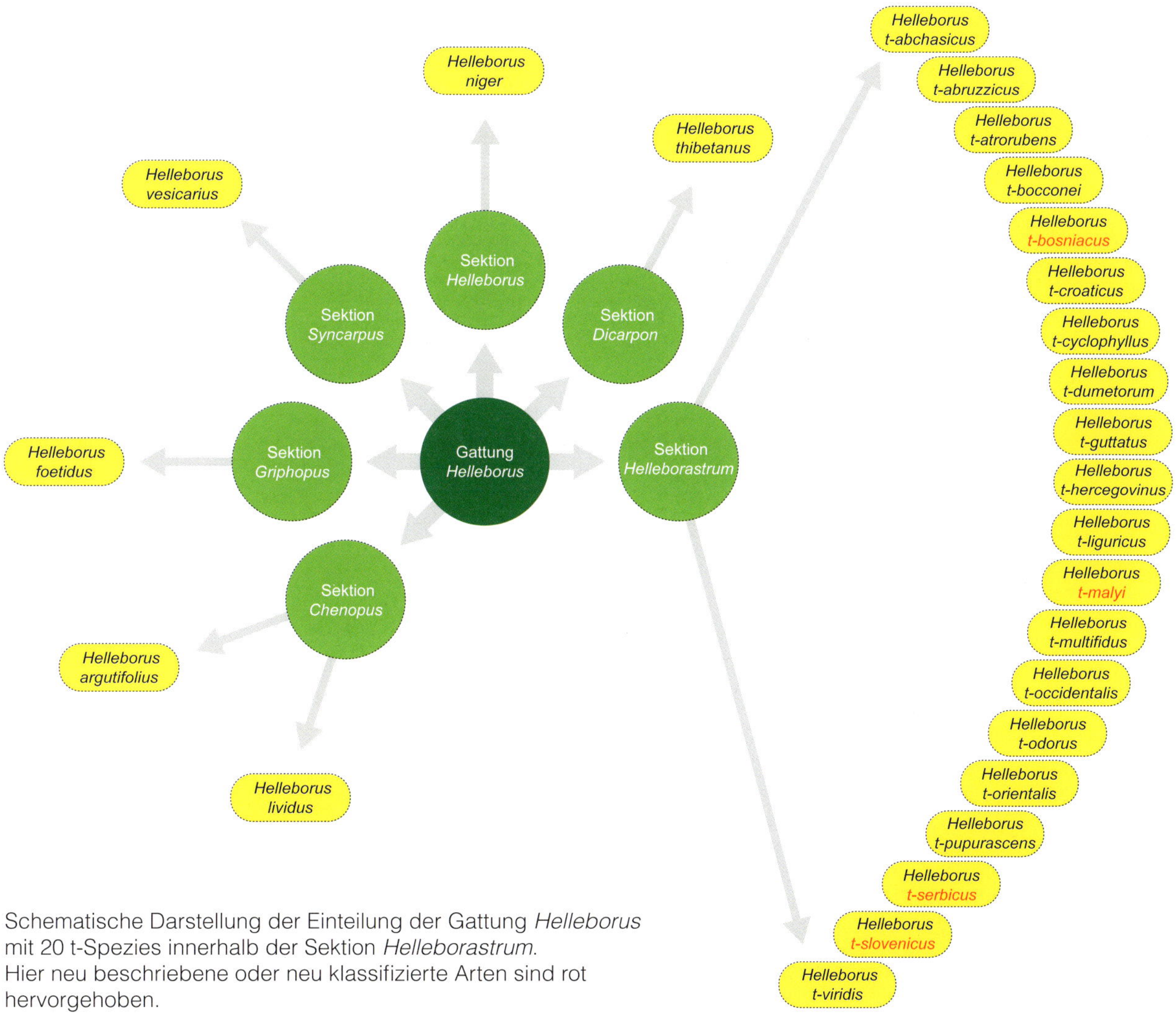

Schematische Darstellung der Einteilung der Gattung *Helleborus* mit 20 t-Spezies innerhalb der Sektion *Helleborastrum*.
Hier neu beschriebene oder neu klassifizierte Arten sind rot hervorgehoben.

3.3 Kriterien für t-Spezies und Gruppierungen

Gruppierung nach Blütenfarbe, Blütendurchmesser und Anzahl der Teilblättchen

Die Gruppierung erfolgt nach Blütenfarbe, die Sortierung innerhalb der Gruppe erfolgt zuerst nach Blütengröße, dann nach Anzahl der Teilblättchen. Bei einer Gruppierung rein nach vorherrschender Grundfarbe (G, W/R und P) bilden sich drei übergeordnete Gruppen, wobei sich die Gruppen G bis gY und P jeweils aufteilen in eine kleinblütige und eine großblütige Gruppe. Die Gruppe 4 ist die kaukasische Gruppe, die farblich zwar heterogen, insgesamt aber dennoch stärker homogen ist durch das prägende Merkmal der freistehenden Fruchtblätter.

Gruppe 1 (G–Y):	**Blütenfarbe: Grün bis Gelb; kleine Blüten**		
Taxon	**Blütenfarbe**	**Blütendurchmesser**	**Anzahl der Teilblättchen**
t-occidentalis	G bis wG	2,5–4,0	9–15
t-dumetorum	G bis wG	2,5–4,0	11–15
t-slovenicus	G bis wG	2,5–4,5	9–25
t-multifidus	G bis gY	2,5–4,0	40–55
t-hercegovinus	G bis gY	2,5–4,0	50+
Gruppe 2 (G–Y):	**Blütenfarbe: Grün bis Gelb; große Blüten**		
TaxonBlütenfarbe	**Blütendurchmesser**		**Anzahl der Teilblättchen**
t-viridis	G bis gY	4,0–6,0	7–21
t-cyclophyllus	G bis gY	4,5–6,0	9–17
t-odorus	G bis gY	4,5–6,5	9–13
t-abruzzicus	G bis gY	5,0–7,0	30+
Gruppe 3 (W–G):	**Weiß bis weißliches Grün; große Blüten**		
Taxon	**Blütenfarbe**	**Blütendurchmesser**	**Anzahl der Teilblättchen**
t-bocconei	W bis wG	4,0–5,0	11–30
t-liguricus	W bis wG	4,0–6,0	9–21
Gruppe 4 (W–G) / (R–U)	**Weiß bis Weißliches Grün / Rosa bis Grau; große Blüten**		
Taxon (kaukasische Gr.)	**Blütenfarbe**	**Blütendurchmesser**	**Anzahl der Teilblättchen**
t-orientalis	W bis gW	6,0–8,0	7–9
t-guttatus	W bis gW	6,0–8,0	7–9
t-abchasicus	R bis U	5,0 - 6,0	7 - 9
Gruppe 5: (P)	**Purpur, kleine Blüten**		
Taxon	**Blütenfarbe**	**Blütendurchmesser**	**Anzahl der Teilblättchen**
t-croaticus	P	2,5–4,0	9–15
t-bosniacus	P	2,5–4,0	19–40
t-serbicus	P	2,5–4,5	30+
t-atrorubens	P	2,5–5,0	9–15
t-malyi	P	3,0–5,5	15–30
Gruppe 6: (P)	**Purpur; große Blüten**		
Taxon	**Blütenfarbe**	**Blütendurchmesser**	**Anzahl der Teilblättchen**
t-purpurascens	P bis U-R	5,0–6,5	13–21/ 25–55

Legende: G = Grün; g = grünlich; P = Purpur; R = Rosa; U = Grau; W = Weiß; w = weißlich; Y = Gelb; y = gelblich

Gruppierung nach Blütenfarbe außen und innen sowie nach sekundären Merkmalen

Die Gruppen sind hier die gleichen wie in der linken Tabelle, aber der Schwerpunkt des Interesses liegt hier auf der eindeutigen Identifizierbarkeit der einzelnen Spezies innerhalb der jeweiligen Farbgruppe durch Unterscheidung zwischen Außenfarbe und Innenfarbe der Kelchblätter. Wo sekundäre Merkmale aufgeführt werden, sind diese bedeutsam für die Klassifizierung.

Gruppe 1:	**Grün bis Gelb; kleine Blüten**		
	Kelchblätter außen	**Kelchblätter innen**	**sekundäre Merkmale**
t-occidentalis	G bis wG	G bis wG	starke Zähnung der Blattränder
t-dumetorum	G bis wG	G bis wG	Blätter hufeisenförmig
t-slovenicus	G bis wG	G bis wG	weit offene Nektarblätter
t-multifidus	G bis gY	G bis gY	–
t-hercegovinus	G bis gY	G bis gY	sehr schmale Teilblättchen
Gruppe 2:	**Grün bis Gelb; große Blüten**		
	Kelchblätter außen	**Kelchblätter innen**	**sekundäre Merkmale**
t-viridis	G bis gY	G bis gY	duftlos
t-cyclophyllus	G bis gY	G bis gY	frei stehende Fruchtblätter
t-odorus	G bis gY	G bis gY	wintergrüne Blätter; duftend
t-abruzzicus	G bis gY	G bis gY	zahlreiche schmale Teilblättchen
Gruppe 3:	**Weiß bis weißliches Grün; große Blüten**		
	Kelchblätter außen	**Kelchblätter innen**	**sekundäre Merkmale**
t-bocconei	W bis gW bis wG	W bis gW bis wG	neuer Austrieb im Herbst
t-liguricus	W bis gW bis wG	W bis gW bis wG	starker süßlicher Duft
Gruppe 4	**Weiß bis Weißliches Grün/Rosa bis Grau; große Blüten**		
	Kelchblätter außen	**Kelchblätter innen**	**sekundäre Merkmale**
t-orientalis	W bis gW	W bis gW	frei stehende Fruchtblätter
t-guttatus	W bis gW	W bis gW	wie *t-orientalis.*; Blüten punktiert
t-abchasicus	R bis U	R bis U	frei stehende Fruchtblätter
Gruppe 5:	**Purpur, kleine Blüten; Innenfarbe der Blüten maßgeblich**		
	Kelchblätter außen	**Kelchblätter innen**	**sekundäre Merkmale**
t-croaticus	P bis (P + etwas G)	P bis (P + etwas G) bis (G + etwas P)	behaarte Blütenstiele
t-bosniacus	P bis (P + etwas G)	G bis (G + etwas P) bis (P + G) bis P	deutlich purpur geädert
t-serbicus	P bis (P + etwas G)	P bis (G + etwas P)	zahlreiche schmale Teilblättchen
t-atrorubens	P bis (P + etwas G)	P bis (P + etwas G) bis (G + etwas P)	–
t-malyi	P bis (P + etwas G)	yG + etwas P	–
Gruppe 6:	**Purpur; große Blüten**		
	Kelchblätter außen	**Kelchblätter innen**	**sekundäre Merkmale**
t-purpurascens	P bis U–R	U–R bis U–G	–

Legende: G = Grün; g = grünlich; P = Purpur; R = Rosa; U = Grau; W = Weiß; w = weißlich; Y = Gelb; y = gelblich

Pragmatische Gruppierung

Die hier gezeigte pragmatische Gruppierung folgt im Wesentlichen der Einteilung in der Tabelle auf Seite 102, die aus der Analyse und der sukzessive abnehmenden Gewichtung der drei primären Merkmale gewonnen werden konnte. Hier ist der Anzahl der Teilblättchen innerhalb der jeweiligen Gruppe stärkeres Gewicht gegeben als den geringer gewichteten und tatsächlich weniger deutlich wahrnehmbaren Unterschieden in der Blütengröße. Dadurch ändern sich die Gruppen nicht, es ergeben sich aber leichte Veränderungen in der Reihenfolge der t-Spezies innerhalb der Gruppen. Die kaukasische Gruppe erhält ihre Sonderstellung durch die einzigartige und prägende Morphologie der freistehenden Fruchtblätter.

Dieses ist die im Folgenden verwendete Gruppierung der t-Spezies in Kapitel 3.4

Gruppe 1
Blütenfarbe: Grün bis Gelb; kleine Blüten
Blätter: Wenige bis sehr viele Teilblättchen

	Teilblättchen
H. t-occidentalis	9–15
H. t-slovenicus	9–25
H. t-dumetorum	11–15
H. t-multifidus	40–55
H. t-hercegovinus	50+

Gruppe 2
Blütenfarbe: Grün bis Gelb; große Blüten
Blätter: Wenige bis sehr viele Teilblättchen

	Teilblättchen
H. t-odorus	9–13
H. t-cyclophyllus	9–17
H. t-viridis	7–21
H. t-abruzzicus	30+

Gruppe 3
Blütenfarbe: Weiß bis Weißgrün; große Blüten
Blätter: Wenige bis mäßig viele Teilblättchen

	Teilblättchen
H. t-liguricus	9–21
H. t-bocconei	11–30

Gruppe 4 (kaukasische Gruppe)
Blütenfarbe: Weiß bis Weißgrün/Rosa; große Blüten; frei stehende Fruchtblätter
Blätter: Wenige Teilblättchen

	Teilblättchen
H. t-orientalis	7–9
H. t-guttatus	7–9
H. t-abchasicus	7–9

Gruppe 5
Blütenfarbe: Purpur; kleine Blüten
Blätter: Wenige bis viele Teilblättchen

	Teilblättchen
H. t-croaticus	9–15
H. t-atrorubens	9–15
H. t-malyi	15–30
H. t-bosniacus	19–40
H. t-serbicus	30+

Gruppe 6
Blütenfarbe: Purpur; große Blüten
Blätter: Wenige bis viele Teilblättchen

	Teilblättchen
H. t-purpurascens	13–55

H. t-malyi in Montenegro

3.4 Die t-Spezies

Helleborus t-occidentalis Reuter (1869)

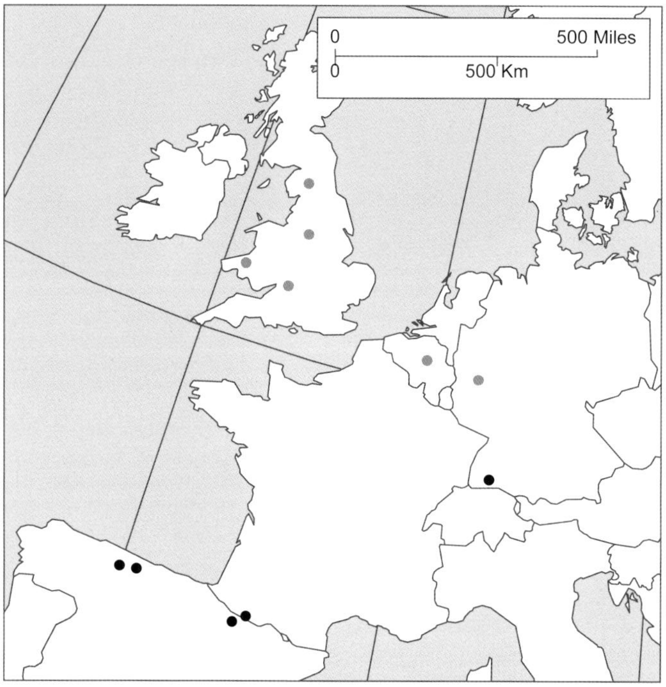

Schwarze Punkte zeigen Regionen an, in denen der Autor Lokalpopulationen von *Helleborus t-occidentalis* untersucht hat. Graue Punkte bezeichnen gesicherte Vorkommen, die der Autor nicht gesehen hat.

Abgrenzungsmerkmale für *H. t-occidentalis*

Anzahl der Teilblättchen:	9–15
Blütendurchmesser:	2,5–4,0 cm
Blütenfarbe:	Grün
weitere Merkmale:	Nektarblätter geschlossen Teilblättchen deutlich stark gesägt

Verbreitungsgebiet und Kommentare

Südwesteuropa, Westeuropa

Weit verbreitet in West- und Mitteleuropa, allerdings außerhalb von Spanien und Südfrankreich (westliche Pyrenäen) wohl meist eingebürgert und aus mittelalterlichen Burg- und Klostergärten verwildert. Die Populationen in Weideland oder lichtem Wald in Südfrankreich und Nordspanien können recht groß sein. Kleine (vermutlich verwilderte) Bestände in Mitteleuropa meist in lichtem Wald.
Die Blütenstände überragen für gewöhnlich die Laubblätter.

H. t-occidentalis in den westlichen Pyrenäen, Spanien

In einer *H. t-occidentalis*-Population in den Picos de Europa, Spanien

H. t-occidentalis in Süddeutschland nahe einer Klosterruine

H. t-occidentalis in den westlichen Pyrenäen, Spanien

H. t-occidentalis in Süddeutschland nahe einer Klosterruine

oben & unten: *H. t-occidentalis* in Süddeutschland nahe einer Klosterruine

Helleborus t-slovenicus Thomsen (2022) sp. nov.

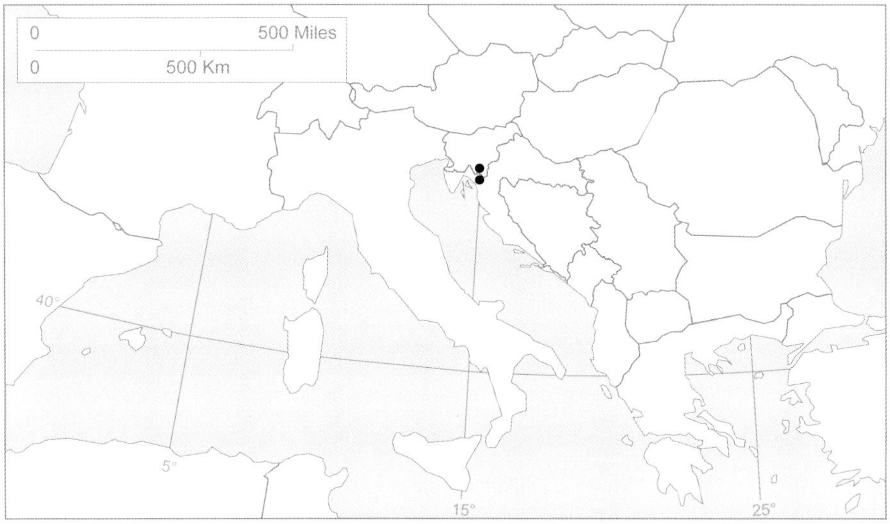

Punkte zeigen Regionen an, in denen der Autor Lokalpopulationen von *Helleborus t-slovenicus* untersucht hat.

Abgrenzungsmerkmale für *H. t-slovenicus*

Anzahl der Teilblättchen:	9–17
Blütendurchmesser:	2,5–4,5 cm
Blütenfarbe:	Grün
weiteres Merkmal:	Nektarblätter trichterförmig weit bis sehr weit offen

Verbreitungsgebiet und Kommentare

Südliches Slowenien und nahes nordwestliches Kroatien

Unterschiedlich große Populationen mit wenigen nicht klassifizierten Pflanzen. Das entscheidende Merkmal, neben der Anzahl der Teilblättchen und der Blütengröße, nämlich die trompetenförmig weit bis sehr weit offenen Nektarblätter, ist sehr auffällig. Dasselbe Merkmal der weit bis sehr weit offenen Nektarblätter tritt mitunter auch in den zum Teil morphologisch sehr variablen Beständen von *t-bosniacus* auf, kann dort aber angesichts der insgesamt sehr starken phänotypischen Variation der übrigen Merkmale wie Blütenfarbe und Blattmorphologie keine taxonomisch entscheidende abgrenzende Rolle spielen.

Bezüglich *H. t-slovenicus* postuliert Will McLewin (2019: 232–233) irrtümlich: „... es wird nicht unterschieden zwischen offenen und weit offenen Nektarblättern" (vgl. oben), und folgert daraus, dass die hier als *t-slovenicus* abgegrenzten Populationen in sein Taxon *t-istriacus* zu integrieren seien. Anhand überprüfbarer empirischer Daten sind aber die Populationen des von ihm vorgeschlagenen „*t-istriacus*" in ihren morphologischen Merkmalen nicht hinreichend abgrenzbar von *t-viridis* (vgl. S. 193), und gehen daher konsequenterweise in diesem älteren Taxon auf.
Das Taxon *H. t-slovenicus* hingegen ist morphologisch klar abgegrenzt von allen anderen t-Spezies.

oben & unten: *H. t-slovenicus* in einer Population bei Banja Loka in Südslowenien

oben & unten: *H. t-slovenicus* Blüten aus einer Population bei Banja Loka in Südslowenien

H. t-slovenicus Blüten aus einer Population bei Banja Loka in Südslowenien

H. t-slovenicus aus einer Population bei Banja Loka in Südslowenien

beide Seiten: *H. t-slovenicus* in einer Population bei Banja Loka in Südslowenien

Formelle Beschreibung: *Helleborus t-slovenicus* Thomsen (2022), sp. nov.

Formelle Beschreibung

Ausdauernde krautige Pflanze, gewöhnlich ca. 20–30 cm hoch zur Blütezeit mit zähem verzweigtem Rhizom und festen Wurzeln. Horstbildend mit 10 und mehr Laubblättern und ebenso vielen Blütenständen. Laubblätter 20–30 cm Durchmesser, einziehend, hell- bis dunkelgrün und in reifem Zustand mit ledriger Substanz. Blattstiele hellgrün, 20–30 cm lang. Blätter zusammengesetzt aus insgesamt 9–17 lanzettlichen Teilblättchen. Unterseiten der Teilblättchen leicht behaart, vor allem entlang der Blattrippen. Ränder der Teilblättchen fein gesägt bis gesägt. Tragblätter grün mit hellgrünen Blattrippen, zusammengesetzt aus 3–5 gesägten Teilblättchen. Blütenstand gewöhnlich 20–25 cm lang und meist niedriger als Laubblätter, 3–7 Blüten. Blüten 2,5–4,0 cm Durchmesser, außen und innen hellgrün bis grün, duftlos, meist hängend, schalenförmig, an 0,5–1 cm langen Blütenstielen. Kelchblätter gleich oder fast gleich, meist überlappend, breit eiförmig, stumpf oder rund, meist 1,5–2,5 cm lang und 1–2 cm breit; Nektarblätter 8–13, gestielt, trichterförmig weit bis sehr weit offen, grün bis gelblich bis fast orange. Staubblätter zahlreich, aufrecht oder fast aufrecht, Staubbeutel 1,5–2,5 mm lang; Fruchtblätter 3–5, am Grunde verwachsen, Griffel gewöhnlich länger als Staubblätter, gerade oder leicht gebogen. Fruchtknoten ohne Griffel zur Reife 2–3 cm lang, zur Basis abrupt schmaler; Samen ca. 3–4 mm lang, dunkelbraun bis fast schwarz mit deutlich wahrnehmbarem Kamm auf einer Seite.

Blütezeit: März bis April.

Habitat: Lichte Wälder, Waldränder und extensives Weideland auf Kalksteinsubstrat.

Typuslokalität: Südslowenien: Banja Loka, 550 m, 21. März 2008, MT0812, M. Thomsen (Typus-Beleg: Herbarium, Botanischer Garten und Botanisches Museum Berlin, Freie Universität Berlin)

Formal Description

Perennial herb, usually about 20–30 cm in height at flowering time with a tough, multidivided rhizome with stout roots. Older plants forming clumps with 10 and more basal leaves and flower stalks. Basal leaves 20–30 cm in diameter, not overwintering, light to dark green and leathery in texture when mature. Petioles light green, 20–30 cm long. Leaves divided into a total of 9–17 lanceolate leaflets. Undersides of leaflets slightly hairy, especially along the stout prominent midribs. Leaflet margins finely serrate to serrate. Bracts green with light green veins, divided into 3–5 segments, finely serrate to serrate. Inflorescence usually 20–25 cm long and mostly lower (sometimes taller) than mature leaves carrying 3–7 flowers. Flowers 2,5–4,0 cm in diameter, light green to green outside and inside, unscented, mostly nodding, bowl shaped, carried on pedicels 0,5–1 cm long. Perianth segments equal or subequal and mostly overlapping, broadly ovate, broadly elliptical, obtuse or rounded, usually 1,5–2,5 cm long and 1–2 cm wide; nectar leaves about 8–13, stalked, funnel-shaped, wide to very wide open at the mouth, green to yellowish to almost orange. Stamens numerous, erect or suberect, anthers 1,5–2,5 mm long; carpels 3–5, fused together at the base, styles usually exceeding the stamens, straight or slightly curved. Follicles 2–3 cm long at maturity (excluding the style), narrowed abruptly at the base; seeds about 3–4 mm long, dark brown to almost black with a distinct ridge on one side.

Flowering period: March to April.

Habitat: Light woodland, wood margins and rocky grassland over limestone bedrock.

Type: Southern Slovenia: Banja Loka, 550 m, 21 March 2008. M. Thomsen, MT0812 (Holotype: Herbarium, Botanischer Garten und Botanisches Museum Berlin, Freie Universität Berlin)

H. t-slovenicus, Typus-Beleg / Holotype Specimen, Herbarium, Botanischer Garten und Botanisches Museum Berlin, Freie Universität Berlin, Herbarnummer B 10 1149381

Helleborus t-dumetorum Waldst. & Kit. (1809)

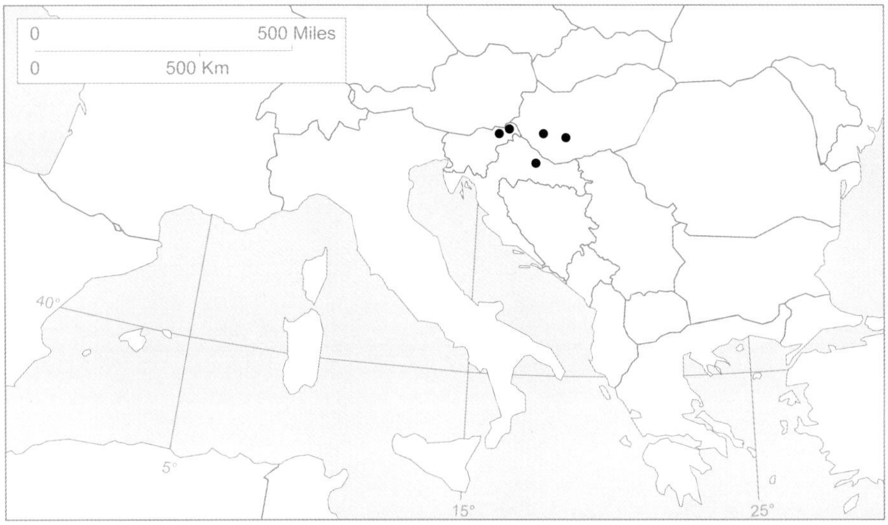

Punkte zeigen Regionen an, in denen der Autor Lokalpopulationen von *Helleborus t-dumetorum* untersucht und dokumentiert hat.

Abgrenzungsmerkmale für *H. t-dumetorum*

Anzahl der Teilblättchen:	11–15
Blütendurchmesser:	2,5–4,0 cm
Blütenfarbe:	Grün
weitere Merkmale:	Nektarblätter geschlossen Teilblättchen fein gesägt

Verbreitungsgebiet und Kommentare

Östliches Slowenien, nördliches Kroatien, Ungarn

Die Lokalpopulationen können klein bis sehr groß sein, meist mit nur sehr wenigen nicht klassifizierten Individuen, obwohl die typische Hufeisenform der Blätter variabel sein kann. Die Blüten können mitunter leuchtend grün sein, oft sind sie allerdings eher mattgrün, gelegentlich mit schmalem weißem Rand. Die Blätter können im Austrieb anfangs dunkel rotbraun sein. Dichte Bestände finden sich gewöhnlich in lichten bis ziemlich schattigen Waldlagen, aber die Art kommt auch entlang von Waldrändern und in offenen Wiesen oder Weiden vor.

Helleborus t-dumetorum ist eine sehr empfehlenswerte Gartenpflanze.

oben & unten: *H. t-dumetorum* in Ungarn

H. t-dumetorum in Kultur

H. t-dumetorum in Kroatien

H. t-dumetorum in Slowenien

beide Bilder: *H. t-dumetorum* in Kroatien

H. t-dumetorum in Ungarn

Helleborus t-multifidus Visiani (1829)

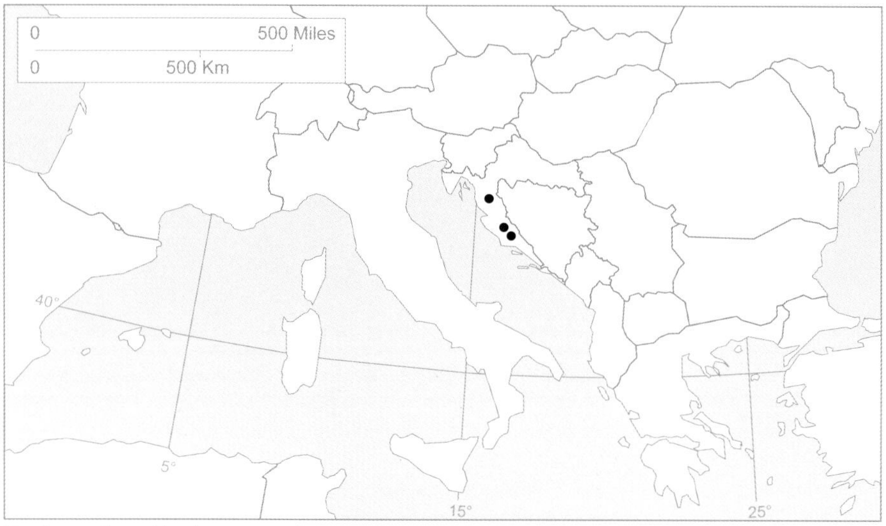

Punkte zeigen Regionen an, in denen der Autor Lokalpopulationen von *Helleborus t-multifidus* untersucht und dokumentiert hat.

Abgrenzungsmerkmale für *H. t-multifidus*

Anzahl der Teilblättchen:	35–55
Blütendurchmesser:	2,5–4 cm
Blütenfarbe:	Grün bis Gelb selten innen rotbraune Punktierung oder rotbraune Ränder

Verbreitungsgebiet und Kommentare

Westliches Kroatien, insbesondere Dalmatien

Vorkommen in mittelgroßen bis großen Beständen. Häufig finden sich im Basalbereich (Verzweigungsbereich) der Teilblättchen auffällige rotbraune Farbflecken. Die Teilblättchen sind meist 10 bis 15 Millimeter breit. Neben Pflanzen mit rein grünen Blüten treten in wenigen Beständen im nördlichen Velebitgebirge auch Exemplare auf, deren Blüten außen rein grün, innen aber mehr oder weniger stark rotbraun punktiert sein können. Auch rotbraune Ränder bei ansonsten grünen Blüten kommen vor.

oben & unten: *H. t-multifidus* in Kroatien

oben & unten: *H. t-multifidus* in Kroatien

oben links und unten: *H. t-multifidus* in Kroatien

selten: *H. t-multifidus* Blüte mit Zeichnung im Inneren

Helleborus t-hercegovinus Martinis (1973)

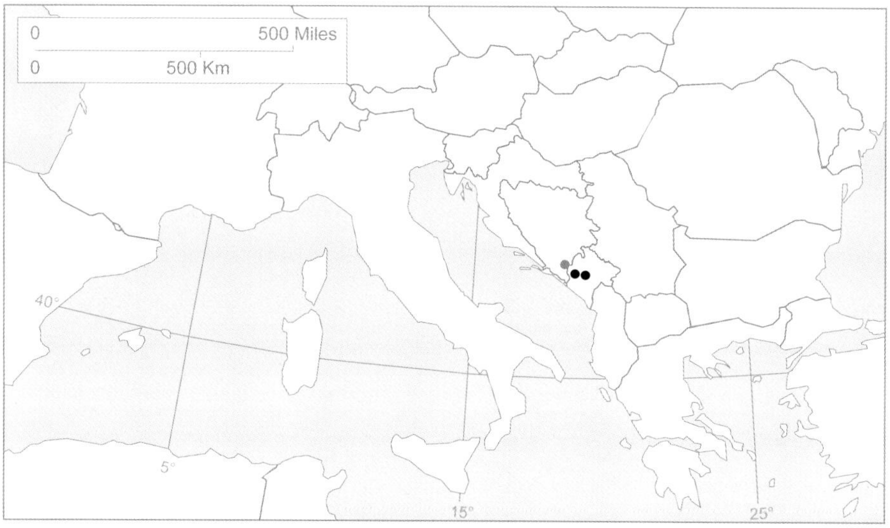

Schwarze Punkte zeigen Regionen an, in denen der Autor Lokalpopulationen von *Helleborus t-hercegovinus* untersucht und dokumentiert hat.
Mündliche Berichte über Vorkommen im südlichen Bosnien und Herzegowina sind repräsentiert durch einen grauen Punkt

Abgrenzungsmerkmale für *H. t-hercegovinus*

Anzahl der Teilblättchen:	50 und mehr
Blütendurchmesser:	2,5–4,0 cm
Blütenfarbe:	Grün bis Gelb

Verbreitungsgebiet und Kommentare

Montenegro und südliches Bosnien und Herzegowina

Einzelne Lokalpopulationen innerhalb des relativ kleinen Gesamtvorkommens sind klein bis mittelgroß. Einzigartig vielgliedrige Blätter mit bis zu 320 (gezählt) drei bis acht Millimeter schmalen und sehr lang wirkenden Teilblättchen. Meist jedoch eher 60 bis 90 Teilblättchen bei gut etablierten Pflanzen.

Helleborus t-hercegovinus ist eine ausgezeichnete und sehr empfehlenswerte Gartenpflanze.

oben & unten: *H. t-hercegovinus* in Montenegro

oben & unten: *H. t-hercegovinus* in Montenegro; unten rechts ein einzelnes Blatt mit insgesamt 320 (!) Teilblättchen

oben & unten: *H. t-hercegovinus* in Montenegro

Helleborus t-odorus Waldst. & Kit. (1809)

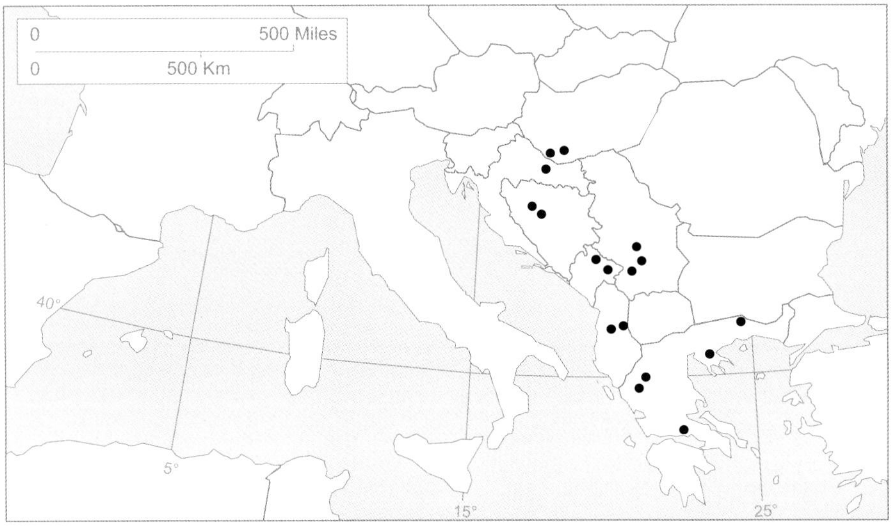

Punkte zeigen Regionen an, in denen der Autor Lokalpopulationen von *Helleborus t-odorus* untersucht und dokumentiert hat.

Abgrenzungsmerkmale für *H. t-odorus*

Anzahl der Teilblättchen:	9–13
Blütendurchmesser:	4,5–6,5 cm
Blütenfarbe:	Grün bis Gelb
weitere Merkmale:	Laub einziehend bis immergrün Blüten duftend

Verbreitungsgebiet und Kommentare

Albanien, Griechenland, Kosovo, Kroatien, Montenegro, Nordmazedonien, Serbien, Ungarn

Sehr unterschiedlich große Populationen mit relativ wenigen nicht klassifizierten Einzelpflanzen. Bei Wärme verströmen die Blüten einen deutlich wahrnehmbaren Duft. Rein gelb blühende Exemplare in sehr lichtexponierten vollsonnigen Lagen kommen vor, sind aber selten.

oben & unten: *H. t-odorus* in Montenegro

H. t-odorus in Albanien am Ohridsee

H. t-odorus in Ungarn

H. t-odorus in Bosnien und Herzegowina

H. t-odorus in Bosnien und Herzegowina

beide Bilder: *H. t-odorus* in Serbien

Helleborus t-cyclophyllus **(A. Braun) Boissier (1867)**

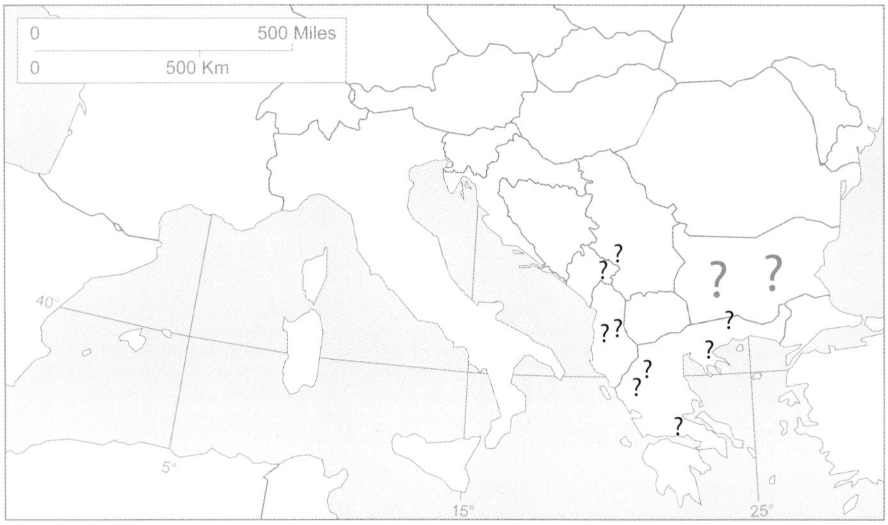

Schwarze Fragezeichen zeigen Regionen an, in denen der Autor zweifelhafte Populationen von *H. t.cyclophyllus* untersucht und dokumentiert hat. Graue Fragezeichen zeigen mögliche, vom Autor aber nicht untersuchte Regionen an.

Abgrenzungsmerkmale für *H. t-cyclophyllus*

Anzahl der Teilblättchen:	9–13;
Blütendurchmesser:	4,5–6,5 cm,
Blütenfarbe:	Grün bis Gelb
weitere Merkmale:	Fruchtblätter an der Basis frei, nicht miteinander verwachsen
	Laub einziehend bis immergrün
	Blüten duftend

Verbreitungsgebiet und Kommentare

Montenegro?, Serbien?, Albanien?, Griechenland?, Bulgarien?

In den oben genannten Regionen sehr unterschiedlich große Lokalpopulationen mit jeweils nur geringen Anteilen von Exemplaren, die obiger Beschreibung en tsprechen.
In den in der Karte markierten Regionen hat der Autor Populationen gefunden, in denen bislang kein überzeugender *H. t-cyclophyllus*-Status, d.h. kein signifikanter Anteil von *H. t-cyclophyllus*-Exemplaren mit dem charkteristischen Merkmal, das heißt frei stehenden Fruchtblättern (siehe S. 135) an den jeweiligen lokalen Gesamtpopulationen festgestellt werden konnte. Es gibt Berichte von *H. cyclophyllus*-Populationen in Bulgarien, die der Autor allerdings bisher nicht gesehen hat, und die daher hier weder bestätigt noch widerlegt werden können. Eine ausgedehnte Population im ostmakedonischen Rhodopengebirge nahe der griechisch-bulgarischen Grenze jedenfalls erwies sich als fast vollständig *H. t-odorus*.
Da mögliche Vorkommen von eindeutigen *H. t-cyclophyllus*-Populationen also bisher nicht klar ausgeschlossen werden können, wird diese Art, trotz sehr erheblicher Zweifel, hier weiterhin geführt.

Einzelexemplar von *H. t-cyclophyllus* in Griechenland

Zum Vergleich: Wirklich frei auf dem Blütenboden aufsitzende Fruchtknoten bei *H. t-orientalis*. Die beiden vorderen Fruchtknoten wurden hier zur besseren Sichtbarkeit entfernt.

Morphologische Variabilität der Fruchtblätter innerhalb von *Helleborastrum*-Beständen in Montenegro, Albanien und Griechenland. Links: Die Fruchtblätter sitzen eng, aber (fast) frei *(H. t-cyclophyllus)*. Rechts: Die Fruchtblätter sind von der Basis her bis zu 6 Millimeter miteinander verwachsen *(H. t-odorus)*.

Blätter eines Einzelexemplars von *H. t-cyclophyllus* in Griechenland

Helleborus t-viridis L. (1753)

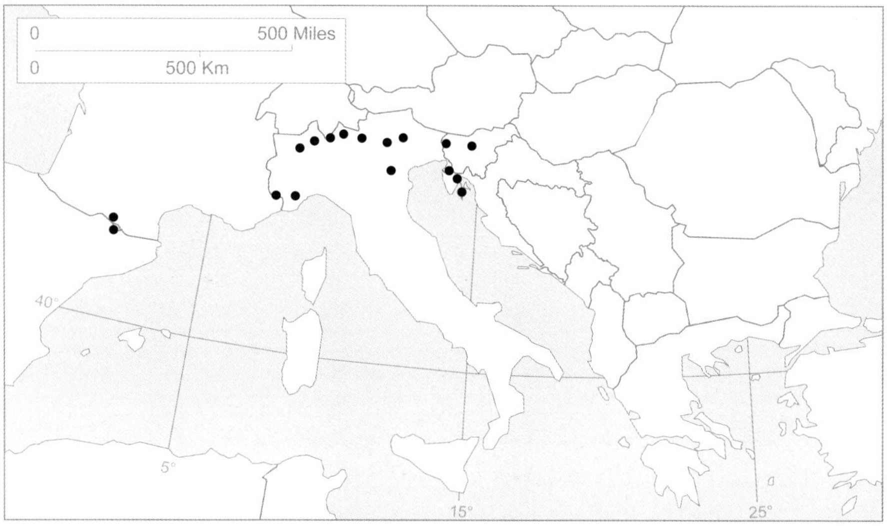

Punkte zeigen Regionen an, in denen der Autor Lokalpopulationen von *Helleborus t-viridis* untersucht und dokumentiert hat.

Abgrenzungsmerkmale für *H. t-viridis*

Anzahl der Teilblättchen:	7–19
Blütendurchmesser:	4,0–6,0 cm
Blütenfarbe:	Grün bis Gelb
weitere Merkmale:	nicht duftend
	Blätter früh einziehend
	Nektarblätter geschlossen

Verbreitungsgebiet und Kommentare

Norditalien, Südschweiz, Slowenien, Südfrankreich, Nordspanien

Unterschiedlich große Populationen im sehr großen Verbreitungsgebiet, in tiefen Lagen meist in lichtem bis in recht schattigem Wald, in der montanen bis subalpinen Stufe auch in offenem Weideland. Die Blüten sind duftlos. Die meisten Bestände weisen eine mäßige Variabilität der Blattmorphologie innerhalb der Abgrenzungsmerkmale auf, sowie meist einige nicht klassifizierte Pflanzen.

oben & unten: *H. t-viridis* in Slowenien

H. t-viridis in der Südschweiz

H. t-viridis mit *H. niger* am Berg Krvavec in Slowenien

H. t-viridis in der Südschweiz am Monte Generoso

oben & unten: *H. t-viridis* in Norditalien

Helleborus t-abruzzicus M. Thomsen, McLewin & B. Mathew (2006)

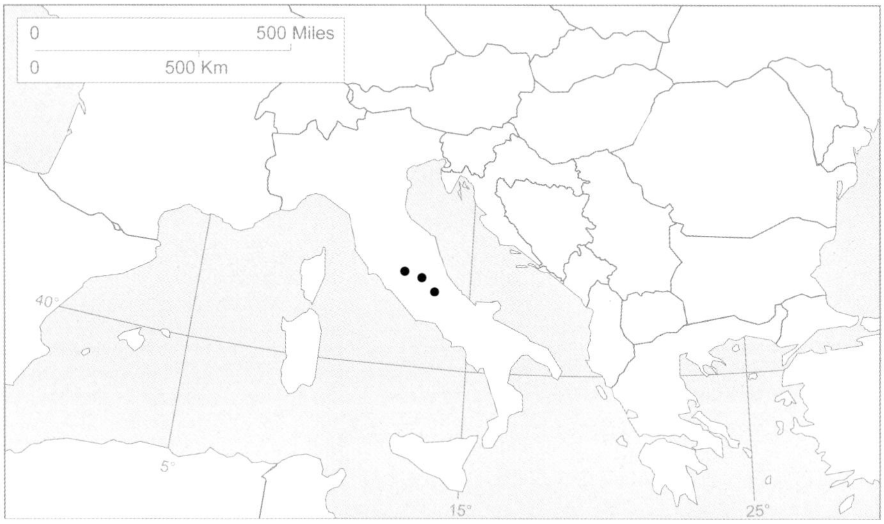

Punkte zeigen Regionen an, in denen der Autor Lokalpopulationen von *Helleborus t-abruzzicus* untersucht und dokumentiert hat.

Abgrenzungsmerkmale für *H. t-abruzzicus*

Anzahl der Teilblättchen:	30 und mehr
Blütendurchmesser:	5,0–7,0 cm
Blütenfarbe:	Grün bis Gelb

Verbreitungsgebiet und Kommentare

Mittelitalien

Vorkommen im Bergland ausschließlich über 1000 m Höhe. Lokalpopulationen zerstreut und meist mittelgroß, oft morphologisch variabel mit unterschiedlich großen Anteilen von nicht klassifizierten Individuen.
H. t-abruzzicus unterscheidet sich sehr markant von anderen grün blühenden Vertretern von *Helleborastrum* durch seine meist runden, leuchtend gelbgrünen Blüten, seine großen, sehr vielgliedrigen Blätter, und das völlige Fehlen von roter Pigmentierung an den Verzweigungen der Teilblättchen. Letztere sind auffällig schmal, oft nur ca. 10 bis 12 Millimeter breit.

Im Mai 2000 konnte der Autor die Population in Mittelitalien aufgrund ihrer konsistenten Unterschiedlichkeit zu allen bereits beschriebenen Arten als eigenständige Art identifizieren. Die offizielle Erstbeschreibung findet sich in: The Plantsman, Part 4 December 2006, S. 236.

Helleborus t-abruzzicus ist eine sehr empfehlenswerte Gartenpflanze.

oben & unten: *H. t-abruzzicus* in Italien

oben & unten: *H. t-abruzzicus* in Italien

oben & unten: *H. t-abruzzicus* in Kultur

Helleborus t-liguricus M. Thomsen, McLewin & B. Mathew (2006)

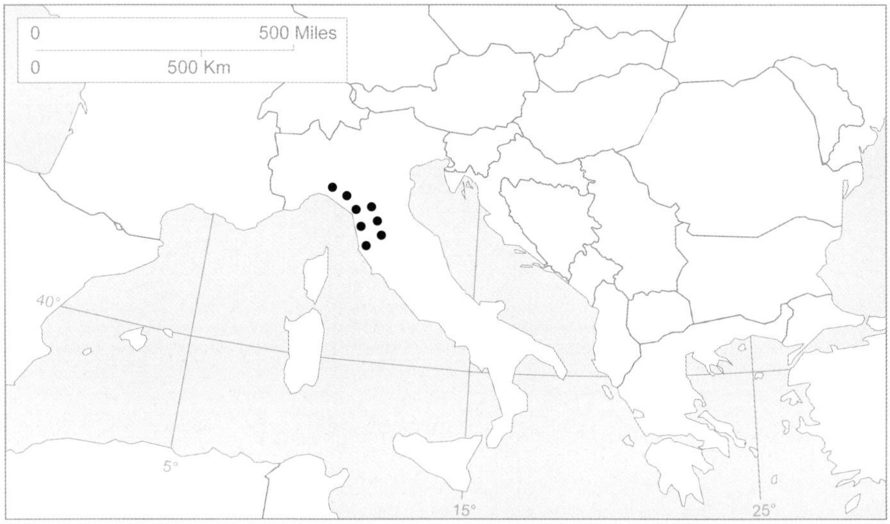

Punkte zeigen Regionen an, in denen der Autor Lokalpopulationen von *Helleborus t-liguricus* untersucht und dokumentiert hat.

Abgrenzungsmerkmale für *H. t-liguricus*

Anzahl der Teilblättchen:	11–21
Blütendurchmesser:	4,0–6,0 cm
Blütenfarbe:	Weiß bis Weißgrün
weiteres Merkmal:	bei Wärme stark süßlich duftend

Verbreitungsgebiet und Kommentare

Nordwestliches bis mittleres Italien

Meist eher kleine Lokalpopulationen vom Tiefland aufsteigend bis in die hochmontane Stufe mit sehr wenigen nicht klassifizierten Individuen. In Kultur behalten Herkünfte aus dem Tiefland meist ihre natürliche Blütezeit im Frühwinter bei, wodurch die Blütenstände bei strengem Frost zerstört werden können, während Herkünfte aus der hochmontanen Stufe erst ab Anfang März blühen, was letztere wertvoll macht. Bei Wärme verströmen die Blüten einen stark limonenartigen Duft. Die Blätter sind am klimamilden Naturstandort meist immergrün, in winterkalten Hochlagen und in Kultur in Mitteleuropa meist nur überwinternd oder sogar einziehend. Die Populationen sind schattenliebend. Vermutlich wegen ihres Gesamthabitus und ihrer weißlichen Blüten wird die Pflanze mitunter mit *H. niger* verwechselt.

Im Juni 2000 konnte der Autor die Population in der Toskana und Ligurien aufgrund ihrer konsistenten Unterschiedlichkeit zu allen bereits beschriebenen Arten als eigenständige Art identifizieren. Die offizielle Erstbeschreibung findet sich in: The Plantsman, Part 4 December 2006, S. 237.

oben & unten: *H. t-liguricus* in Italien; oben: alle Blätter vorjährig; unten: dunkelgrüne Blätter vorjährig

oben & unten: *H. t-liguricus* in Italien; oben auf Meereshöhe, links unten auf 1400 m Höhe: dunkelgrüne vorjährige Blätter

oben & unten: *H. t-liguricus* in Ligurien

Helleborus t-bocconei Tenore (1823)

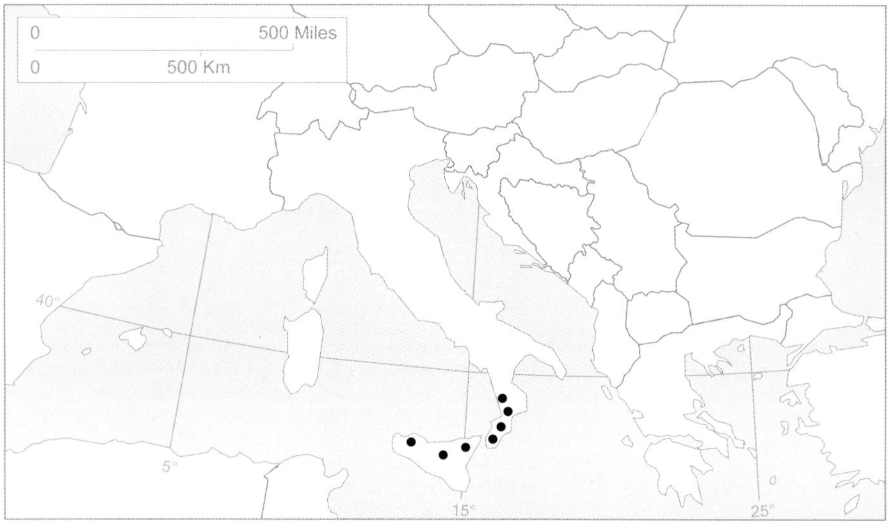

Punkte zeigen Regionen an, in denen der Autor Lokalpopulationen von *Helleborus t-bocconei* untersucht und dokumentiert hat.

Abgrenzungsmerkmale für *H. t-bocconei*

Anzahl der Teilblättchen:	9–25
Blütendurchmesser:	3,0–5,0 cm
Blütenfarbe:	Weiß bis Grün
weitere Merkmale:	Teilblättchen deutlich gesägt Blütenstand deutlich höher als Blätter

Verbreitungsgebiet und Kommentare

Südliches Italien und Sizilien

Kleine bis mittelgroße Lokalpopulationen, meist mit wenigen nicht klassifizierten Pflanzen. In Kalabrien finden sich Populationen mit großen Exemplaren mit sehr hohen Blütenständen von ausnahmsweise bis zu 20 Blüten pro Blütenstand, während die Pflanzen im Westen Siziliens klein bis sehr klein bleiben. Diese Unterschiede erhalten sich weitgehend auch in Kultur in Mitteleuropa.

Ein sehr auffälliges Alleinstellungsmerkmal von *H. t-bocconei* am Naturstandort und in Kultur ist das Einziehen der alten Blätter im Hochsommer und der Austrieb der neuen Blätter im frühen Herbst, unmittelbar gefolgt oder sogar gleichzeitig mit der Entwicklung des Blütenstandes. Am Wildstandort öffnen sich bereits im Herbst, und in Kultur bei milder Witterung meist noch vor Weihnachten die ersten Blüten. Dieses echt winterblühende Verhalten ist eine Anpassung an ein mediterranes Winterregenregime, und einzigartig innerhalb der Sektion *Helleborastrum*. Innerhalb der Gattung *Helleborus* zeigt lediglich *H. niger* ein ähnliches Blühverhalten, wenn er in Norditalien und Slowenien um Weihnachten und zur Jahreswende in voller Blüte steht. Allerdings findet hier der Austrieb der neuen immergrünen Blätter im Frühjahr statt.

H. t-bocconei Anfang März in Süditalien; links oben in Westsizilien, rechts oben & unten in Kalabrien, neue Blätter im Oktober

oben & unten: *H. t-bocconei*; oben in Kalabrien, unten links in Westsizilien; unten rechts: Neuaustrieb in Kultur ab Ende August

H. t-bocconei in Kalabrien; Blütenstände überragen die Laubblätter sehr deutlich

Helleborus t-orientalis Lamarck (1789)

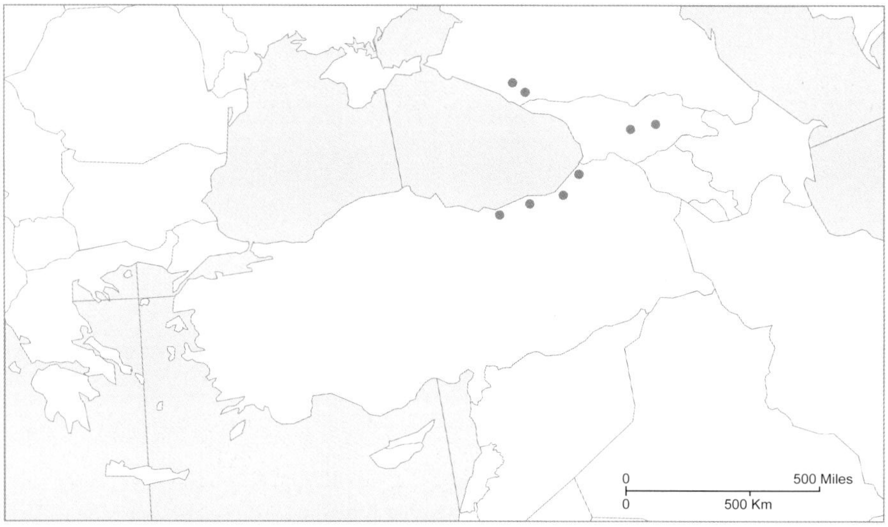

Graue Punkte zeigen Regionen an, in denen nach Mathew (1989) und nach mündlichen Berichten von McLewin Populationen von *Helleborus t-orientalis* vorkommen.

Abgrenzungsmerkmale für *H. t-orientalis*

Anzahl der Teilblättchen:	7–9
Blütendurchmesser:	6,0–8,0 cm
Blütenfarbe:	Weiß bis Grünweiß
weiteres Merkmal:	Fruchtblätter am Grunde nicht miteinander verwachsen

Verbreitungsgebiet und Kommentare

Südwestliches Russland, Georgien, Schwarzmeerküste der Türkei

Die Art kommt in unterschiedlich großen Populationen, gewöhnlich mit wenigen nicht klassifizierten Pflanzen in Georgien und in der Türkei vor. In Russland finden sich Bestände, in denen *H. t-orientalis*, *H. t-guttatus* und nicht klassifizierte Pflanzen gemeinsam vorkommen.

H. t-orientalis-Typ in einem verwilderten Bestand in Süddeutschland – entspricht der Artbeschreibung, ist aber ohne Provenienz

Helleborus t-guttatus A. Braun & Sauer (1853)

Graue Punkte zeigen Regionen an, in denen nach Mathew (1989) und nach mündlichen Berichten von McLewin Populationen von *Helleborus t-orientalis* vorkommen.

Abgrenzungsmerkmale für *H. t-guttatus*

Anzahl der Teilblättchen:	7–9
Blütendurchmesser:	6,0–8,0 cm
Blütenfarbe:	Weiß bis Grünweiß
	innen deutliche rote bis fast schwarze Punktierung
weiteres Merkmal:	Fruchtblätter am Grunde nicht miteinander verwachsen

Verbreitungsgebiet und Kommentare

Südwestliches Russland

Ein eigenständiges Taxon mit dem einzigen Unterscheidungsmerkmal gegenüber *H. t-orientalis* „deutlich punktierte Innenseiten" der Blüten, mag merkwürdig anmuten. Jedoch ist der Unterschied im Aussehen sehr auffällig, und, wenn Blütenfarbe als Unterscheidungsmerkmal dienen soll, dann sind die notwendigen Kriterien einer t-Spezies erfüllt, zumal das Vorhandensein oder Nichtvorhandensein einer Punktierung objektiv messbar und wiederholbar ist.

H. t-guttatus-Typ in einem verwilderten Bestand in Süddeutschland – entspricht der Artbeschreibung, ist aber ohne Provenienz

Helleborus t-abchasicus A. Braun (1853)

Graue Punkte zeigen Regionen an, in denen nach Mathew (1989) und nach mündlichen Berichten von McLewin Populationen von *Helleborus t-orientalis* vorkommen.

Abgrenzungsmerkmale für *H. t-abchasicus*

Anzahl der Teilblättchen:	7–9
Blütendurchmesser:	5,0–6,0 cm
Blütenfarbe:	Rosa

Verbreitungsgebiet und Kommentare

Georgien

In Georgien in kleinen Lokalpopulationen, in denen einige nicht klassifizierte Individuen mit rosaweißen Blüten vorkommen. Die rosa Farbe variiert von trüb blass-grünrosa bis zu leuchtend kirschrot oder weinrosa.

H. t-abchasicus-Typ in einem verwilderten Bestand in Süddeutschland – entspricht der Artbeschreibung, ist aber ohne Provenienz

Helleborus t-croaticus Martinis (1973)

Punkte zeigen Regionen an, in denen der Autor Lokalpopulationen von *Helleborus t-croaticus* untersucht und dokumentiert hat.

Abgrenzungsmerkmale für *H. t-croaticus*

Anzahl der Teilblättchen:	9–15
Blütendurchmesser:	2,5–4,0 cm
Blütenfarbe:	außen Purpur bis Purpur mit etwas Grün, innen Purpur bis Purpur mit etwas Grün bis Grün mit etwas Purpur
weitere Merkmale:	Blütenstiele und Blattunterseiten behaart

Verbreitungsgebiet und Kommentare

Nordöstliches Kroatien

Es gibt nur wenige, relativ kleine Lokalpopulationen in Waldgebieten oder entlang von Waldrändern. Das entscheidende Merkmal, nämlich die Haare (Trichome) an den Blütenstielen und Blattunterseiten, variiert durchgängig stark innerhalb der Bestände von fehlend bis deutlich vorhanden, und lässt sich häufig überhaupt nur mithilfe einer Lupe erkennen. Das schwächt den Wert des Merkmals und damit auch den taxonomischen Status der Art relativ stark.
Die Innenseiten der Blütenblätter können dunkel punktiert oder geädert sein.

oben & unten: *H. t-croaticus* in Kroatien

H. t-croaticus in Kroatien

H. t-croaticus; Austrieb eines Blütenstandes in Kultur

H. t-croaticus in Kroatien

Vergleich Blütenstiele: oben *H. t-croaticus*, unten *H. t-atrorubens*

oben & unten: *H. t-croaticus* in Kroatien

Helleborus t-atrorubens Waldst. & Kit. (1812)

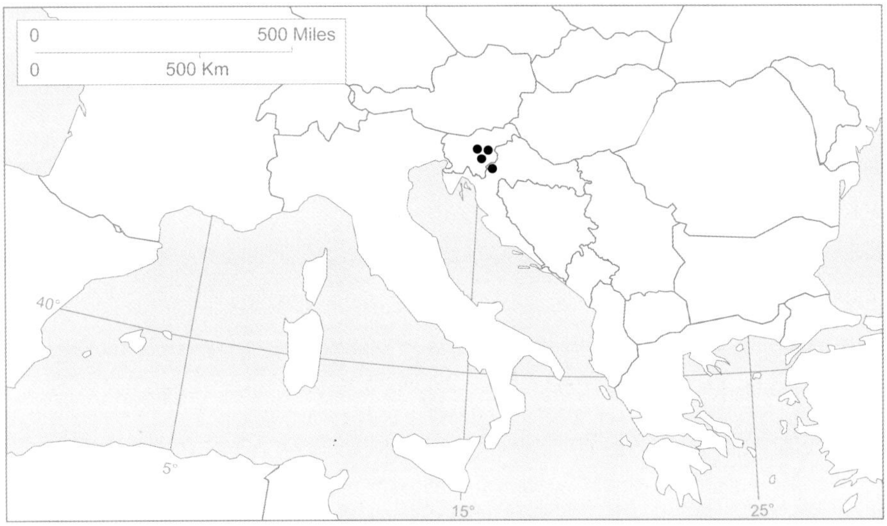

Punkte zeigen Regionen an, in denen der Autor Lokalpopulationen von *Helleborus t-atrorubens* untersucht und dokumentiert hat.

Abgrenzungsmerkmale für *H. t-atrorubens*

Anzahl der Teilblättchen:	9–15
Blütendurchmesser:	3,0–5,0 cm
Blütenfarbe:	außen Purpur bis Purpur mit etwas Grün
	innen Purpur bis Purpur mit etwas Grün bis Grün mit etwas Purpur
weitere Merkmale:	Blütenstiele unbehaart

Verbreitungsgebiet und Kommentare

Östliches und südöstliches Slowenien und nahes Kroatien

Obwohl *H. t-atrorubens* in einem relativ kleinen Verbreitungsgebiet vorkommt, gibt es viele kleine bis mittelgroße Populationen. Blütengröße und Blütenfarbe sowie Blattgröße und Blattform können in einigen Beständen sehr stark variieren. In einigen Populationen finden sich Pflanzen mit punktierten Blüten, in anderen gibt es Anzeichen von Hybridisierung mit *H. t-viridis*.
Die Blütenfarbe ist Purpur. Die dunkel blaupurpurnen Blüten einzelner Exemplare sind möglicherweise die „blauesten“ aller „blauen“ *Helleborastrum* Blüten, sicherlich aber die dunkelsten. In einigen Beständen von *H. t-malyi* in Montenegro kommen Individuen vor, die *H. t-atrorubens* ähnlich sind, sich aber durch die Innenfarbe der Blütenblätter unterscheiden.

Helleborus t-atrorubens ist eine ausgezeichnete und sehr empfehlenswerte Gartenpflanze.

oben & unten: *H. t-atrorubens* in Slowenien

Ein besonders dunkles Exemplar von *H. t-atrorubens* in Kultur

H. t-atrorubens in Slowenien

alle Bilder diese Seite: *H. t-atrorubens* in Slowenien

Helleborus t-malyi Martinis (1973)

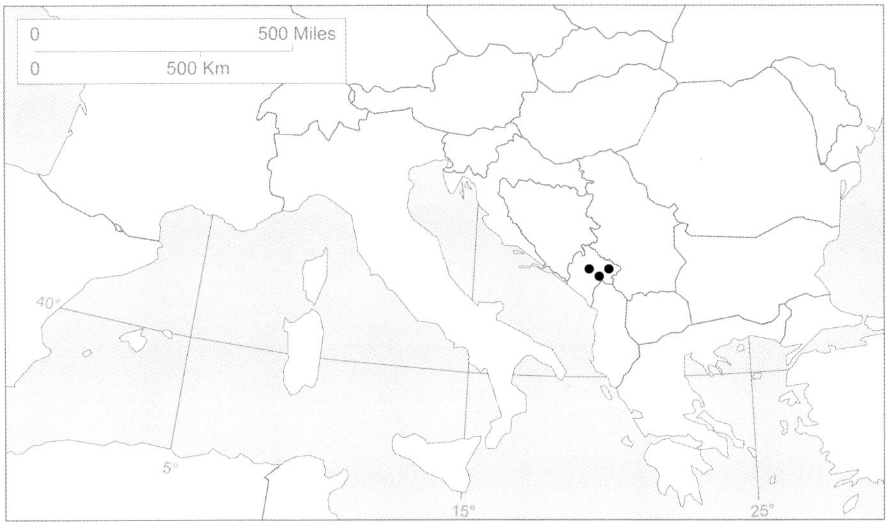

Punkte zeigen Regionen an, in denen der Autor Lokalpopulationen von *Helleborus t-malyi* untersucht und dokumentiert hat.

Abgrenzungsmerkmale für *H. t-malyi*

Anzahl der Teilblättchen:	15–30
Blütendurchmesser:	3,5–5,5 cm
Blütenfarbe:	außen Purpur bis Purpur mit etwas Grün innen Gelbgrün bis Grüngelb mit etwas Purpur

Verbreitungsgebiet und Kommentare

Östliches Montenegro und angrenzender Kosovo

Die Art findet sich in kleinen bis ziemlich großen Lokalpopulationen, oft massenhaft in offenen Wiesen oder Weiden, aber auch in lichtem Buschwerk oder Wald, dem eigentlich ursprünglichen Habitat. Einige Bestände zeichnen sich aus durch einzelne Pflanzen, deren Blütenaußenseite taubengrau, schmutzig rosa oder beinahe orangefarben erscheint. Meist gibt es innerhalb der Bestände einen beträchtlichen Anteil nicht klassifizierter Individuen.
Manche Einzelexemplare ähneln zunächst stark *H. t-atrorubens*, unterscheiden sich aber deutlich von diesem durch ihre gelbgrünen bis grüngelben Innenseiten der Blüten.

Helleborus t-malyi ist eine sehr empfehlenswerte Gartenpflanze.

oben & unten: *H. t-malyi* in Montenegro

oben & unten: *H. t-malyi* in Montenegro

oben & unten: *H. t-malyi* in Montenegro

H. t-malyi in Montenegro

H. t-malyi in Montenegro

Helleborus t-bosniacus McLewin, Thomsen (2019)

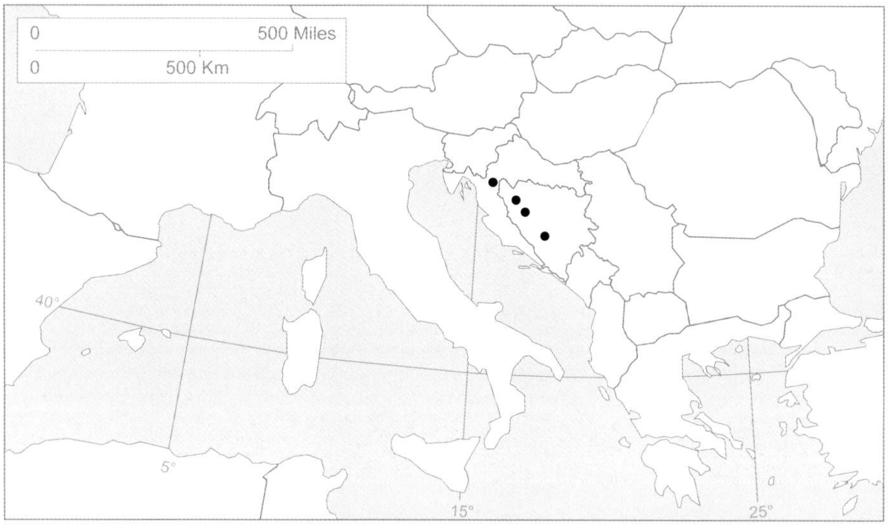

Punkte zeigen Regionen an, in denen der Autor Lokalpopulationen von *Helleborus t-bosniacus* untersucht und dokumentiert hat.

Abgrenzungsmerkmale für *H. t-bosniacus*

Anzahl der Teilblättchen:	19–40
Blütendurchmesser:	2,5–4,0 cm
Blütenfarbe:	außen Purpur bis Purpur mit etwas Grün innen Gelbgrün bis Grün bis Grün mit etwas Purpur innen deutliche dunkle, radialstrahlige Zeichnung

Verbreitungsgebiet und Kommentare

Nördliches Bosnien und Herzegowina und nahe Gebiete Kroatiens.

Kleine bis ziemlich große Lokalpopulationen, meist mit einem beträchtlichen Anteil nicht klassifizierter Individuen. Die dunkle Zeichnung im Inneren der Blütenblätter kann verschiedene Formen annehmen, von einer radialstrahligen „Äderung“ bis zu fransig erscheinenden großen Basalflecken.

Helleborus t-bosniacus ist eine sehr empfehlenswerte Gartenpflanze.

oben & unten: *H. t-bosniacus* in Bosnien und Herzegowina

oben & unten: *H. t-bosniacus* in Bosnien und Herzegowina

oben & unten: *H. t-bosniacus* in Bosnien und Herzegowina

Alle Blüten in dieser Sammlung stammen von Pflanzen aus einer lokalen Population von *H. t-bosniacus*. Nicht klassifizierte Pflanzen haben den Artstatus *H. Helleborastrum*.

alle Bilder dieser Seite: *H. t-bosniacus* in Bosnien und Herzegowina

Helleborus t-serbicus Adamović (1906)

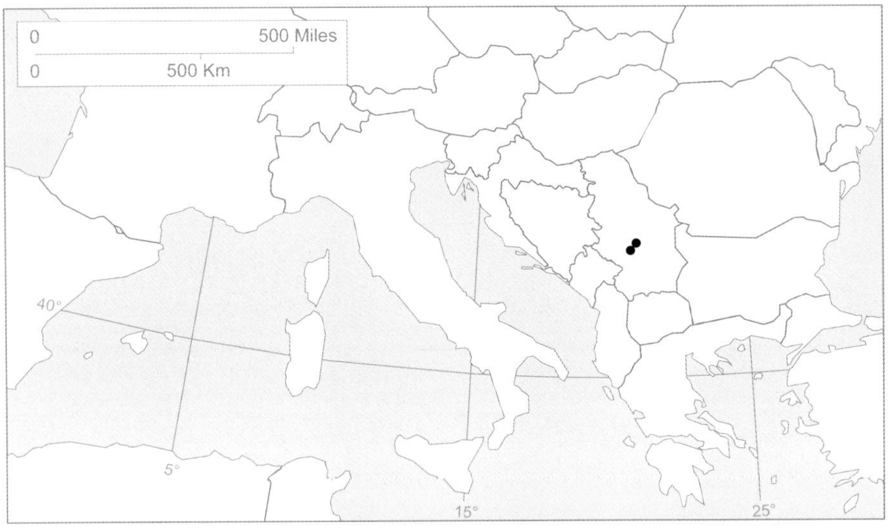

Die Punkte zeigen die Region an, in denen der Autor Lokalpopulationen von *Helleborus t-serbicus* untersucht und dokumentiert hat.

Abgrenzungsmerkmale für *H. t-serbicus*

Anzahl der Teilblättchen:	30 und mehr
Blütendurchmesser:	2,5–4,5 cm
Blütenfarbe:	außen Purpur bis Purpur mit etwas Grün innen Purpur bis Grün mit etwas Purpur
weiteres Merkmal:	Breite der Teilblättchen 8 bis 12 mm

Verbreitungsgebiet und Kommentare

Serbien

Kleine Lokalpopulationen in einem relativ eng begrenzten Verbreitungsgebiet in lichtem Wald und auf offenem Weideland, auf schütteren, flachgründigen Skelettböden über kristallinem Schiefer und Serpentinit. Allgemein wenige nicht klassifizierte Pflanzen in den Beständen.

Die Art, die McLewin 2019 als *H. t-gočensis* vorstellt, ist nichts anderes als der *H. serbicus*, den L. Adamović 1906 in Magyar Botanikai Lapok erstbeschrieben hat: „*Helleborus serbicus* n. sp.: ... 8–12 Blätter, mit jeweils 4–5 schmalen Aufspaltungen [Anm. Verf.: also 32–60 Segmente], ... vielfach und fein zerschlitze Blätter ... sehr dunkle Blüten". Auch die drei Typus-Belege von Adamović aus dem Jahre 1905, die sich im Herbarium der Royal Botanic Gardens Kew befinden, zeigen genau diese Morphologie der sehr zahlreichen schmalen Blattsegmente sowie der kleinen dunklen Blüten.

Die Fehldeutung begann mit Martinis 1973, der diese Art irrtümlich nur als eine Form, nämlich *H. serbicus subsp. serbicus f. gočensis,* auffasst. Adamovićs Beschreibung der Art ist aber völlig eindeutig, und daher gilt nach der Prioritätsregel dieser ältere, ordnungsgemäß eingeführte Name.

oben & unten: *H. t-serbicus* in einer Lokalpopulation in Serbien; unten: viele noch wenig entwickelte Blätter bei Jungpflanzen

oben & unten: *H. t-šerbicus* in Serbien; Blüten aus einer sehr kleinen Lokalpopulation

oben & unten: *H. t-serbicus* in Serbien; oben: Blätter aus einer sehr kleinen Lokalpopulation

oben & unten: *H. t-serbicus* in Serbien

oben & unten: *H. t-serbicus* in Serbien

Helleborus t-purpurascens Waldst. & Kit. (1802/1803)

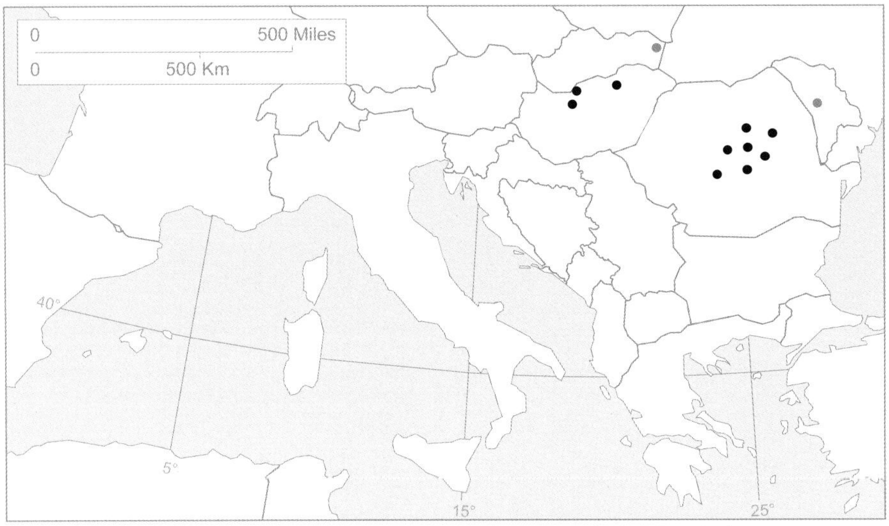

Schwarze Punkte zeigen Regionen an, in denen der Autor Lokalpopulationen von *Helleborus t-purpurascens* untersucht und dokumentiert hat.
Graue Punkte zeigen Regionen an, in denen laut mündlichen Berichten von McLewin Populationen von *Helleborus t-purpurascens* gefunden wurden.

Abgrenzungsmerkmale für *H. t-purpurascens*

Anzahl der Teilblättchen:	14–20 und 25–55
Blütendurchmesser:	5,0–6,5 cm
Blütenfarbe:	Purpur bis Graurosa

Verbreitungsgebiet und Kommentare

Republik Moldau, Rumänien, Slowakische Republik, Ungarn

Unterschiedlich große Populationen, im Allgemeinen mit wenigen nicht klassifizierten Pflanzen. Eine unverwechselbare Art durch ihre Blütenfarbe. Die manchmal leuchtend purpur oder altrosafarbenen Blüten sind meist im Inneren deutlich blass graugrün. Das andere Ende der Farbskala wird markiert von einem faszinierenden rauchig rosa irisierenden Graublau, das man in keiner anderen *Helleborastrum*-Art findet.
Die taxonomische Abgrenzung von *H. t-purpurascens* wird erweitert durch eine Gruppe von Populationen in Rumänien, in denen die meisten Pflanzen sich durch große Blätter mit vielen schmalen Teilblättchen auszeichnen, die teilweise am ehesten an *H. t-abruzzicus* erinnern.

Helleborus t-purpurascens ist eine sehr empfehlenswerte Gartenpflanze.

H. t-purpurascens in Ungarn

H. t-purpurascens in Rumänien

oben & unten: *H. t-purpurascens* in Ungarn

oben & unten: *H. t-purpurascens* in Rumänien

H. t-purpurascens in Rumänien

H. t-purpurascens in Rumänien

Morphologische Zwischenformen in Lenzrosen-Populationen

Bisher konnten Populationen bzw. Einzelpflanzen innerhalb von Populationen mit den unten jeweils aufgeführten morphologischen Zwischenformen beobachtet und dokumentiert werden.
Die betreffenden Populationen oder Einzelpflanzen entsprechen keiner der Artbeschreibungen, und sind daher auf der Ebene der t-Spezies als „nicht klassifiziert" anzusprechen.
Eine naheliegende Auffassung dieser Pflanzen als „Arthybriden" soll hier nicht diskutiert werden.

t-abchasicus: vom Autor bisher nicht untersucht

t-abruzzicus <> t-bocconei / t-abruzzicus <> t-liguricus

t-atrorubens <> t-malyi / t-atrorubens <> t-viridis

t-bocconei <> t-abruzzicus

t-bosniacus <> t-multifidus / t-bosniacus <> t-odorus / t-bosniacus <> t-slovenicus

t-croaticus <> t-dumetorum (sehr selten)

t-cyclophyllus <> t-odorus

t-dumetorum <> t-croaticus (sehr selten)

t-guttatus: vom Autor bisher nicht untersucht

t-hercegovinus <> t-multifidus

t-liguricus <> t-abruzzicus

t-malyi <> t-atrorubens / t-malyi <> t-multifidus / t-malyi <> t-odorus

t-multifidus <> t-bosniacus / t-mult. <> t-malyi / t-mult. <> t-odorus / t-mult. <> t-slovenicus

t-occidentalis <> t-viridis

t-odorus <> t-bosniacus / t-odorus <> t-serbicus / t-odorus <> t-malyi / t-odorus <> t-multifidus

t-orientalis: vom Autor bisher nicht untersucht

t-purpurascens: bisher keine bekannten Populationen mit Zwischenformen

t--serbicus <> t-odorus

t-slovenicus <> t-multifidus / t-slovenicus <> t-bosniacus

t-viridis <> t-occidentalis / t-viridis <> t-atrorubens

Einige Beispiele für morphologische Zwischenformen

Zwischenform: *H. t-abruzzicus* <> *H. t-bocconei* in Süditalien

Zwischenform: *H. t-atrorubens* <> *H. t-viridis* in Slowenien

Zwischenform: *H. t-liguricus* <> *H. t-abruzzicus* in Mittelitalien

Zwischenform: *H. t-odorus* <> *H. t-malyi* in Montenegro

Zwischenform: *H. t-odorus* <> *H. t-multifidus* in Montenegro

Zwischenform: *H. t-odorus* <> *H. t-serbicus* in Serbien

3.5 Vertiefende Betrachtung:

Diskussion einzelner t-Spezies

Herkunft oder Standort ist kein taxonomisches Kriterium und daher auch nicht Teil der t-Spezies-Beschreibungen. Es finden sich aber natürlich in vielen Fällen die Pflanzen, auf welche die t-Spezies-Beschreibungen zutreffen, nur in begrenzten Regionen. Alle t-Spezies der Sektion *Helleborastrum* sind grundsätzlich endemisch, manche zerstreut in relativ großen Arealen, wie z.B. *H. t-odorus*, andere, z.B. *H. t-serbicus,* konzentriert in sehr kleinen Gebieten, beispielsweise nur in bestimmten definierten Bergregionen. Bei letzteren gibt dann der Fundort oder eine mögliche Herkunftsangabe einen Hinweis auf den möglichen Speziesstatus der Populationen.

Gruppe 1
Die beiden Taxa ***t-dumetorum*** und ***t-occidentalis*** haben auf dem Papier viel gemeinsam, sind aber in Wirklichkeit sehr unterschiedlich, und es ist nicht wahrscheinlich, dass sie verwechselt werden. Den breiteren Teilblättchen mit den stark gesägten Blatträndern bei *t-occidentalis* stehen die schmaleren Teilblättchen mit ihren schwach bis fein gesägten Blatträndern bei *t-dumetorum* gegenüber. Außerdem fällt *t-dumetorum* auf durch seine sehr ausgeprägt hufeisenförmige Grundform des Blattes.

Bei ***t-hercegovinus*** ist das Erstaunen über die Blattmorphologie immer wieder groß, insbesondere natürlich bei extremen Exemplaren. Das Areal des Vorkommens ist recht klein und liegt in einem sehr trocken-heißen Naturraum, größtenteils in Montenegro. Die einmalig hohe Anzahl sowie die sehr geringe Breite der Teilblättchen, sind innerhalb der Populationen nicht immer ganz konstant, und es kommen breiterblättrige Exemplare vor. Dem Autor ist eine einzelne lokale Population bekannt, in der die Teilblättchen relativ konstant sehr schmal sind, beim Austrieb im Frühling mitunter fast fadenförmig. (vgl. Bild S. 128)

Bei ***t-multifidus*** besteht eine geringe Überschneidung in der Anzahl der Teilblättchen mit denen von *t-hercegovinus*, und die Blüten der beiden Taxa sind gleich. Dennoch sind die Gesamterscheinungsbilder unterschiedlich. Die Teilblättchen von *t-multifidus* sind mehr geprägt von den Blattspreiten und wirken bei weitem nicht so extrem schmal, wie die von *t-hercegovinus*.

In Dalmatien gibt es recht große Populationen von *t-multifidus*, in denen die Blüten meist blassgrün sind, sehr gelegentlich mit schmalen roten Rändern. Weiter nördlich im Velebitgebirge jedoch ist die Situation komplexer; dort gibt es lokale Populationen, in denen Pflanzen vorkommen, die ansonsten vollkommen der Beschreibung von *t-multifidus* entsprechen, deren Blüten aber im Inneren schwach bis stark dunkel braunrot punktiert sind. Da diese Pflanzen in ihrer Morphologie gänzlich *t-multifidus* entsprechen, und nur durch die genannte Punktierung der Blüteninnenseiten auffallen, scheint es angemessen, sie genau wie die seltenen rot geränderten Pflanzen in Dalmatien, als Spielart innerhalb des ansonsten rein grün blühenden *t-multifidus* zu integrieren.

- Mit ***H. t-slovenicus*** wird hier eine neue Art vorgestellt, die sich durch eine einzigartige Kombination aus Blattform, Blütengröße und Morphologie der trichterförmig weit bis sehr weit offenen Nektarblätter deutlich genug von allen übrigen t-Spezies der Gruppe 1 unterscheidet. Die Einführung dieser neuen Art auf der Basis der Gesamt-Morphologie, einschließlich trichterförmig weit geöffneter Nektarblätter, macht es notwendig, für weitere t-Spezies ebenfalls eine Beschreibung der Morphologie der Nektarblätter vorzunehmen.

Gruppe 2
In dieser Gruppe finden sich großblütige grün bis grüngelb blühende t-Spezies, die aufgrund ihres zerstreuten Vorkommens in großen Verbreitungsgebieten und wegen ihrer großen morphologischen Ähnlichkeiten taxonomisch ein Problem darstellen.

Die größte Irritation in dieser Gruppe war bisher ***H. istriacus***, der sich objektiv aufgrund keines der Merkmale vernünftig von *t-viridis* abgrenzen lässt. Die gemessene (!) Variationsbreite der Blütengröße in den „*istriacus*"-Populationen ist 3,5–5 cm (B. Mathew (1989) gibt an: 4–5,5 cm), innerhalb der übrigen *t-viridis*-Populationen ist sie 4–6 cm. Die Blattmorphologie in den Populationen beider bisheriger Taxa ist identisch.

Würden wir McLewins (2019) Vorschlag eines Taxons „*t-istriacus*" folgen mit den von ihm angegebenen Variationsbreiten,

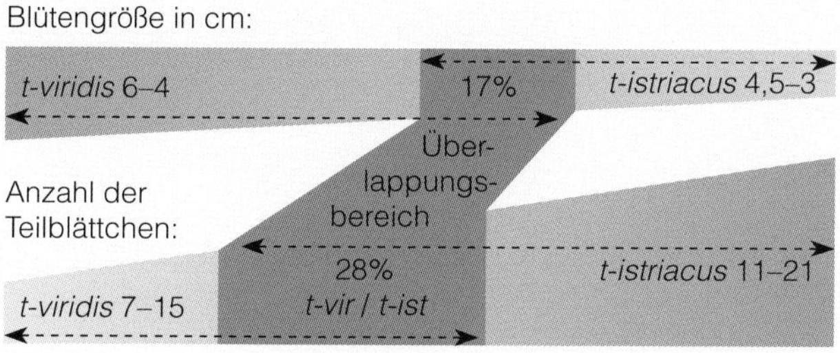

dann würde dies bedeuten, einen außerordentlich großen Überlappungsbereich bei den morphologischen Merkmalen von *t-viridis* und McLewins „*t-istriacus*" zu akzeptieren. Das jedoch hätte zur Folge, dass viele Populationen und sehr viele Einzelpflanzen gleichzeitig zwei verschiede taxonomische Status-Zugehörigkeiten hätten, nämlich sowohl den von *t-viridis* als auch den von *t-istriacus*.

Es würden auch allzu oft Gruppen von z.B. *t-viridis*-Exemplaren in Populationen von *t-istriacus* auftreten, und umgekehrt. Diese Ergebnisse würden das Konzept der sehr klar abgegrenzten t-Spezies zunichte machen, weshalb der Autor McLewins Vorschlag eines Taxons *t-istriacus* strikt ablehnt.

Für eine hinreichend klare Abgrenzung müsste für das gute Taxon *t-viridis* die Variationsbreite der Blütengröße um 50% auf unsinnige 5–6 cm oder für *t-istriacus* auf noch unsinnigere 3–3,5 cm reduziert werden. Der Autor hält daher eine Integration des bisherigen *istriacus* in *t-viridis* mit 4–6 cm Blütengröße und 7–19 Teilblättchen für taxonomisch geboten.

Mit ***t-viridis*** und ***t-odorus*** besteht ein Problem in der mitunter schwierigen Abgrenzbarkeit. Beide sind sich in ihren primären Merkmalen zunächst sehr ähnlich, und die Unterschiede liegen in den beiden sekundären Merkmalen Laubverhalten und Duft. Während bei *t-viridis* die Blätter im Herbst einziehen und bis zum Frühling völlig zersetzt sind, bleiben bei *t-odorus* die Blätter häufig wintergrün, vorausgesetzt, sie sind nicht direkt extremen Wintertemperaturen ausgesetzt. Falls die Blätter über den Winter absterben, sind sie im Frühling zwar braun oder grau aber noch intakt. Ein sehr deutliches Abgrenzungsmerkmal gegenüber *t-viridis* ist der Duft bei *t-odorus*, was mit „wohlriechend, duftend" übersetzt wird.

Bei ***t-abruzzicus*** gibt es kein Abgrenzungsproblem innerhalb der Gruppe, da die Blätter deutlich sehr viel stärker in viele Teilblättchen zergliedert sind. Das zentrale Teilblättchen trägt oftmals im oberen Drittel ein drittes Paar links bzw. rechts abzweigender Teilblättchen, die teilweise ihrerseits noch weiter verzweigt sind. (vgl. S. 25-27)

Cyclophyllus wird als t-Spezies weiterhin geführt, aber mit deutlichem Vorbehalt. Das entscheidende Merkmal der frei auf dem Blütenboden stehenden Fruchtblätter ist die einzige Möglichkeit *t-cyclophyllus* von *t-odorus* zu unterscheiden. Alle weiteren Merkmale sind beiden gemeinsam. Bei intensiven Untersuchungen vieler Populationen in Albanien und in Griechenland ist es dem Autor bisher nicht gelungen, überzeugende Populationen zu finden, die eindeutig das Merkmal der freistehenden Fruchtblätter aufweisen. Bei vereinzelten Exemplaren in den Populationen ist das Merkmal vorhanden, allerdings nur schwach ausgeprägt. Daher ist hier ein wesentliches Kriterium für einen t-Spezies-Status nicht erfüllt, nämlich das einer überzeugenden Population, in der dieses Merkmal signifikant vertreten ist. Da nicht auszuschließen ist, dass eine dem Autor bislang unbekannte Population, beispielsweise in Bulgarien, existiert, wird *cyclophyllus* hier als t-Spezies geführt, aber eben mit ausdrücklichem Vorbehalt.

Gruppe 3
Die beiden Taxa ***t-bocconei*** und ***t-liguricus*** lassen sich allein anhand der primären Merkmale, nämlich der Anzahl der Teilblättchen, der Blütengröße und der Blütenfarbe zunächst kaum hinreichend klar gegeneinander abgrenzen. Erst das sekundäre Merkmal „Duft“ trennt dann *t-liguricus* deutlich von dem nicht duftenden *t-bocconei*. In Italien gehören beide Taxa entweder der küstennahen mediterranen Hartlaubvegetation an, oder, *t-liguricus* in den höheren Bergländern, zur Pflanzengesellschaft sommergrüner Wälder. Exemplare von *t-bocconei* aus stark mediterran geprägtem Klima halten eine ausgeprägte Sommerruhe, und treiben, völlig einzigartig in der gesamten Gattung *Helleborus*, im Herbst zunächst neue Blätter, denen dann im Abstand von ca. 4 Wochen die Blütenstände folgen. Auch dies grenzt *t-bocconei* klar von *t-liguricus* ab, der sommergrün bleibt, und neue Blätter und Blütenstände erst im Frühling treibt. Die stark bis extrem stark gesägten Ränder der Teilblättchen bei *t-bocconei* stellen ein weiteres gutes Abgrenzungsmerkmal dar.

Gruppe 4
Dies ist die kaukasische Gruppe mit den drei t-Spezies ***t-orientalis*** und ***t-guttatus*** mit ihren großen weißen Blüten, letztere mit dunkler Punktierung, und ***t-abchasicus*** mit ihren einmaligen, rosa bis rauchig rosa gefärbten großen Blüten.

- Allen fünf Spezies der **Gruppen 3 und 4** ist teilweise ein subtropisch geprägtes Habitat gemeinsam, wie es an der Mittelmeerküste oder der russischen, georgischen oder türkischen Schwarzmeerküste herrscht, entweder in einer mediterranen Hartlaubvegetation oder in eher feuchten, immergrünen Lorbeerwäldern. Wintergrünes Laub und sehr helle bis weiße Blüten scheinen gut angepasst an solche wintermilde und lichtarme Lebensräume.

Gruppe 5
Populationen dieser Gruppe von t-Spezies sind leicht zu identifizieren anhand ihrer kleinen bis mittelgroßen purpurfarbenen Blüten; und die t-Spezies unterscheiden sich sehr klar. Die kleinen Lokalpopulationen von *t-serbicus* sind morphologisch deutlich einheitlicher als die übrigen Mitglieder der Gruppe.

Sowohl *t-croaticus* als auch *t-atrorubens* unterscheiden sich jeweils von *t-bosniacus*, *t-serbicus* und *t-malyi* durch weniger Teilblättchen. Ansonsten weisen auch sie die gleiche Variabilität der Blütenfarben auf. Das Merkmal der Behaarung bestimmter Pflanzenorgane bei *t-croaticus* ist nicht immer überzeugend, aber wenn deutliche Behaarung vorliegt, ist eine Artabgrenzung möglich.

Vermutlich ist die Gruppe 5 diejenige, in der am deutlichsten taxonomisch ordnend eingegriffen werden muss, um zu einer vernünftigen und hilfreichen t-Spezies-Klassifikation zu kommen, die gleichzeitig der realen Situation in der Natur gerecht wird.

Gruppe 6
Bei ***t-purpurascens***, der einzigen t-Spezies in dieser „Gruppe“, besteht eine gewisse Irritation durch eine Reihe von zerstreuten Populationen in Siebenbürgen, in denen eine Blattmorphologie vorherrscht, die von vielen zum Teil schmalen bis sehr schmalen Teilblättchen geprägt ist. Diese Pflanzen zeigen die gleiche Blütenmorphologie wie die Populationen in Ungarn, unterscheiden sich in ihrem Blatt aber sehr von diesen. Trotz dieser morphologischen Unterschiede gehören sie eindeutig zu *t-purpurascens* und sind durch ihre Blütenfarbe und Blütengröße klar abgegrenzt gegenüber allen anderen t-Spezies. In der Artbeschreibung bei *t-purpurascens* ist das Spektrum hinsichtlich der Anzahl der Teilblättchen entsprechend groß gefasst.

Resümee

Auf der konzeptionellen Ebene ist das b- und t-Spezies-Konzept in sich logisch konsistent und liefert ein angemessen vereinfachtes gedankliches Modell als handhabbare Abstraktion von der hoch komplexen Realität in der Natur.
Auf der praktischen Ebene erweist sich das Konzept sowohl am Naturstandort als auch bei kultivierten Pflanzen als operational und ermöglicht eine robuste Klassifikation der Sektion *Helleborastrum.*

Wenn in einer Population am Naturstandort die morphologischen Kriterien einer t-Spezies-Beschreibung in einem signifikanten Anteil der Einzelpflanzen erfüllt sind, kann der Population der entsprechende t-Spezies-Status zugewiesen werden. Die Population besteht dann aus t-Spezies-Pflanzen und aus nicht klassifizierten Pflanzen. Wenn der Anteil ermittelbarer t-Spezies-Pflanzen gering ist, was hin und wieder, aber nicht allzu häufig der Fall sein wird, dann handelt es sich um eine nicht klassifizierte Population, die ganz oder teilweise aus nicht klassifizierten Pflanzen besteht, vielleicht mit einigen wenigen t-Spezies-Pflanzen darunter. Es handelt sich dann um eine nicht weiter abgrenzbare Population der biologischen Spezies *H. Helleborastrum.*

Bei kultivierten Pflanzen werden fast immer nur wenige oder gar nur Einzelexemplare infrage stehen, und eine seriöse Identifizierung kann naturgemäß schwierig sein:

- Falls eine gesicherte Wildprovenienz vorliegt und die Kriterien einer t-Spezies-Beschreibung erfüllt sind, ist es eine t-Spezies-Pflanze.
- Falls eine gesicherte Wildprovenienz vorliegt und die Kriterien einer t-Spezies-Beschreibung nicht erfüllt sind, ist es eine nicht klassifizierte Pflanze mit dem Status *H. Helleborastrum.*
- Falls keine gesicherte Wildprovenienz vorliegt, die Kriterien einer t-Spezies-Beschreibung aber erfüllt sind, ist der am besten angemessene Status z.B. *H. t.-atrorubens-Typ.*
- Falls keine Wildprovenienz vorliegt und die Kriterien einer t-Spezies-Beschreibung nicht erfüllt sind, ist der am besten angemessene Status *H. Helleborastrum.* (Intersektionelle Hybriden sind hier nicht berücksichtigt.)

Ein nicht klassifiziertes Exemplar von *H. Helleborastrum* in einer Lokalpopulation von *H. t-bosniacus* in Bosnien und Herzegowina

Teil 4 Die Lenzrosenarten in Kultur

4.1 Kultur

Die meisten der Lenzrosen-Wildarten sind in Kultur grundsätzlich überaus pflegeleichte Pflanzen, die sich im Wesentlichen um sich selbst kümmern, und bei halbwegs günstigen Standortbedingungen schnell zu schönen attraktiven Horsten heranwachsen. Das oft vorgebrachte Argument, sie würden sich „ja nur so langsam vermehren", und seien daher für die Vermehrung in Gärtnereien weniger gut geeignet, kann der Autor nach vielen Jahren der Beobachtung so pauschal nicht bestätigen. Die meisten Wildarten stehen an Vitalität und jährlichem Zuwachs den weit verbreiteten Gartenhybriden in nichts nach. Viele der europäischen Wildarten sind zierlicher und bleiben insgesamt kleiner als die drei mitunter sehr wuchtig wirkenden Vetreter der kaukasischen Gruppe oder den daraus entstandenen Hybriden, sie sind aber meist ebenso wüchsig. Und nach vielen Jahren der Beobachtung in Kultur lässt sich feststellen, dass die meisten Wildarten, jedenfalls die nicht-wintergrünen, bei weitem nicht so anfällig sind für die Schwarzfleckenkrankheit (vgl. S. 216) wie die üblichen Gartenhybriden.

Lichtbedarf

Oft wird gesagt, dass *Helleborastrum* Halbschatten oder gar Schatten benötigen. Dies ist weniger als nur die halbe Wahrheit, denn im Schatten können sie zwar gut leben und auch mäßig blühen, allerdings manche Arten niemals so reich und üppig, wie an einem vollsonnigen Standort. Von allen Wildstandorten, die der Autor innerhalb von 25 Jahren besucht hat, war nicht einer, an denen nicht ein mehr oder weniger großer Teil der Pflanzen in völlig offenem Gelände, zum Beispiel in extensiv genutztem Weideland oder in spät gemähten Wiesen, in der vollen Sonne steht. Diese Pflanzen sind immer üppiger und blühen wesentlich reicher als ihre direkten Nachbarn in der selben Population, die im Schatten unter einem dichten Blätterdach wachsen. Diese blühen schwächer und vermehren sich deutlich langsamer, bilden jedenfalls meist keine schönen Horste, wie die Pflanzen in der Sonne.

Dieser Vorteil durch vollsonnigen Standort, der direkt übertragen werden kann auf gärtnerische Vorstellungen, wird jedoch bezahlt mit eventuell zwei Nachteilen:

- Im sehr zeitigen Frühjahr kann zur Blütezeit eine Nacht bei wolkenlosem Himmel in einer offenen Lage sehr viel eher Frostschäden bringen, als eine etwas geschützte Lage unter Sträuchern oder Bäumen, selbst wenn diese noch kahl sind.
- Die Laubblätter bleiben in Schattenlagen sehr viel länger schön als bei einer Position in der vollen Sonne, wo viele, unterschiedlich nach Art, im späten Frühjahr oder Sommer bereits einzuziehen beginnen. Unansehnlich werdende Blätter kann man bedenkenlos abschneiden, die Pflanze hat dann ihren saisonalen Zyklus vollendet und die Blütenknospe für den kommenden Frühling ist voll entwickelt. Es gibt Wildstandorte in offenen Wiesen, die bereits im Juni gemäht werden, und dennoch blühen die Pflanzen jedes Frühjahr.

Ein guter Kompromiss für gärtnerische Zwecke ist sicher eine Pflanzung im lichten Schatten, mit einigen Stunden Sonne am Tag, vergleichbar einem Waldrand in der Natur.

Bodenverhältnisse

An den allermeisten Wildstandorten findet man die Arten von *Helleborastrum* in nährstoffreichen Böden auf Kalksteinsubstrat, im gesamten Mittelmeeraum häufig in Kalksteinrotlehm, auch bekannt als Terra rossa (Rote Erde). Es gibt aber überraschenderweise auch Vorkommen in sehr steinig-trockenen, mageren und sauren

Lenzrosensämlinge – Links: Im Februar entwickeln sich die Keimblätter. Rechts: Ende April sind die ersten echten Blättchen voll ausgebildet

Böden, wie beispielsweise in Serbien auf Serpentinitgestein, oder in anmoorig sauren, tiefgründigen Böden mit einem hohen Anteil nicht zersetzter Pflanzenmasse in Süditalien. In Kroatien gedeiht eine Population in einem extrem schweren, nassen Tonboden, wo die Wurzeln wie bei einem Flachwurzler sich innerhalb der obersten 5 cm Bodenschicht horizontal ausbreiten. Solche Beobachtungen sind immer wieder Indizien für die enorme Anpassungsfähigkeit und damit den sehr weit zurückreichenden evolutionären Erfolg der gesamten Gattung.

Für die Kultur in unseren Gärten bedeutet dies also ein sehr breites Spektrum an geeigneten Böden. Sie wachsen eigentlich überall. Sehr leichte Sandböden sollten eventuell etwas angereichert und aufgekalkt werden. Die Wurzelspitzen gut eingewachsener Pflanzen dringen bis zu zwei Spatentiefen in den Boden vor, was auch ihre gute Trockenheitsresistenz erklärt.

Aussaat und Züchtung

Wo in Gärten mehrere Wildarten und Gartenhybriden gemeinsam blühen, werden Hummeln und Bienen die Blüten bestäuben, und damit zu einer wahllosen Hybridisierung beitragen. Es lohnt sich immer, wenn möglich, einige der spontan keimenden Sämlinge stehen zu lassen: Abhängig davon, welche Wildarten sich kreuzen, entstehen Pflanzen mit spannenden Blütenfarben, Blütenmustern und Blättern. Viele der spontan entstehenden Sämlinge sind schöner und besser als die bekannten Zuchtrichtungen der üblichen Gartenhybriden.

Warum professionelle Züchter oder Hobbyzüchter nicht auch vermehrt bewusst die europäischen Wildarten einkreuzen, kann eigentlich nur an der viel zu geringen Bekanntheit der Wildarten und ihrer Qualitäten liegen. Es könnten äußerst interessante Zuchtlinien entstehen, mit völlig neuen, bisher unbekannten Qualitäten der Pflanzen.

Für gezielte Kreuzungen sollte man die Elternpflanzen während der Blütezeit in großen vor allem tiefen Töpfen im Gewächshaus auf Tischen halten, um vernünftig bestäuben zu können. Vor und nach der Handbestäubung sollte die jeweilige Blüte gegen Fremdbestäubung geschützt werden, wozu sich handelsübliche Teebeutel und ein kleines Heftgerät gut eignen.

Wer mehrere *Helleborastrum*-Wildarten im eigenen Garten kultiviert und einige der zahlreich aufkommenden Sämlinge zu einer ersten Blüte kommen lässt, wird oftmals sehr positive Überraschungen erleben: es entstehen Pflanzen mit bisher völlig unbekannten Kombinationen aus Blütenfarben und Blütenmustern und Eigenschaften der Blätter.

4.2 Gartenwert der Lenzrosen-Arten

Objektive Bewertungskriterien
Der Begriff „Gartenwert" beinhaltet einerseits Wertungen nach objektiv erfassbaren Kriterien, wie zum Beispiel Blütezeit, Frosthärte und Vitalität der Pflanze.

Subjektive Bewertungskriterien
Andererseits enthält der Begriff „Gartenwert" auch Wertungen nach subjektiven Kriterien, wobei es um geschmackliche Vorlieben geht, wie etwa eine persönlich empfundene Attraktivität einer bestimmten Pflanzengestalt, einer Blütenform oder Blütenfarbe, oder einer besonderen Laubwirkung, vor allem dann in der Kombination dieser vier genannten Elemente. Subjektiv kann manches als harmonisch, also als schön empfunden werden.

Beide Gruppen von Bewertungskriterien werden hier gemeinsam beleuchtet, wobei der subjektive Teil des Autors ausdrücklich als subjektiv verstanden werden soll.

Rahmenbedingungen der Beobachtung
Beginnen wir zunächst mit den objektiv messbaren Qualitäten von *Helleborastrum*-Spezies, wie sie der Autor in eigener Kultur über sehr viele Jahre und durch unterschiedliche Witterungsverläufe der Jahreszeiten hindurch im eigenen Garten am südlichen Rand des Schwarzwaldes auf ca. 300 Meter Höhe beobachten konnte. Die folgenden Angaben sind also unter den Klimabedingungen an diesem Standort ermittelt und mögen für andere Standorte vielleicht ähnlich gelten oder auch nur teilweise, oder vielleicht gar nicht. Um zu objektiveren Daten zu kommen, müssten in Europa in verschiedenen regionalen Klimaten Versuchsgärten angelegt und das Verhalten der Pflanzen protokolliert und anschließend zusammengetragen werden.

Standort
Alle Pflanzen des Autors stehen im Vorfrühling und Frühling mehr oder weniger vollsonnig, bis höhere Leit- oder Begleitstauden und lichte Kleinsträucher, wie beispielsweise Strauchpfingstrosen nach dem Laubaustrieb teilweise Schatten spenden. Diese im Frühjahr stark sonnenexponierte Situation hat den Vorteil, dass die *Helleborastrum* sich zu kräftigen Horsten entwickeln und sehr reich blühen. Sie kann aber im Spätwinter auch eher als beispielsweise im leichten Schutz unter Gehölzen zu Frostschäden in klaren Strahlungsnächten führen, wo sich durch direkte Wärmeabstrahlung das Pflanzengewebe selbst sehr viel stärker abkühlt als die umgebende Luft. Am Naturstandort findet man die schönsten Bestände von *Helleborastrum* meist auf Wiesen oder Weideland direkt an Waldrändern, wo sich die beiden Faktoren „reichlich Sonne" und „leichter Schutz" vor starken Ausstrahlungsschäden ideal ergänzen können.

Es zeigt sich sowohl am Wildstandort wie auch in Kultur, dass generell die grünen und weißlichen Blüten weniger frostfest sind als die purpurfarbenen. Letztere sind in beiden der oben genannten Situationen häufig vollkommen makellos, während sich an daneben stehenden grün blühenden Pflanzen bereits leichte Frostschäden zeigen. Auch ohne die Temperaturen im Einzelnen gemessen zu haben, werden doch Unterschiede in der Frosthärte der beiden verschiedenen Farbgruppen deutlich. Vermutlich sind es die Anteile an glycosidisch gebundenem Zucker in dem im Zellsaft gelösten Pflanzenfarbstoff Anthocyan, der hier, wie im Wischerwasser beim Auto, als leichter Frostschutz wirkt.

Blütezeit und Frosthärte im eigenen Garten
Folgen wir dem natürlichen Vegetationszyklus der allermeisten *Helleborastrum*-Spezies, so beginnen wir im Spätwinter oder Vorfrühling, wenn in milden Witterungsperioden bereits ab Anfang bis Mitte Februar oder Anfang März die Blütezeit der wilden Lenzrosen beginnt. Die frühesten und frosthärtesten Arten im

Garten des Autors sind *H. t-atrorubens* und *H. t-croaticus*, dicht gefolgt von *H. t-malyi*, alle drei mit ihrem hohen Anthocyananteil im Blütengewebe, meist ganz ohne Frostschäden, sofern die Temperatur direkt am Boden nicht unter ca. minus 10 Grad sinkt. *H. t-bosniacus, H. t-serbicus* und *H. t-purpurascens* verhalten sich wie am Naturstandort, lassen sich mehr Zeit, und treiben zwei bis drei Wochen später aus als die oben genannten frühesten Arten. Die allermeisten grün und weißlich blühenden Arten treiben ihre Blütenstände ebenfalls ca. zwei bis drei Wochen später als die drei frühesten purpurfarbenen; sie sind weniger frostfest, und können natürlich auch Mitte bis Ende März in einer Frostnacht noch teilweise geschädigt werden. Zu den spätesten gehören die drei t-Spezies *H. t-multifidus*, *H. t-abruzzicus* und *H. t-hercegovinus*, die dadurch auch am wenigsten strengen Frösten ausgesetzt sind und daher nur sehr selten darunter leiden.

Vitalität im eigenen Garten

Mit „Vitalität" ist hier Wuchskraft, Horstbildung und Blütenreichtum der Arten gemeint, sowie die allgemeine Widerstandskraft und der Pflegeaufwand in Kultur. Arten wie beispielsweise *H. t-liguricus*, wenn es Herkünfte aus wintermilden Tieflandlagen in immergrünen Steineichenwäldern sind, werden in einem winterkalten kontinental geprägten Klima gar nicht oder deutlich weniger gut gedeihen als im Weinbauklima Südwestdeutschlands. Es gibt bei *H. t-liguricus* aber Herkünfte aus Hochlagen von über 1200 m Höhe, die zuverlässig später austreiben, im übrigen aber alle attraktiven Eigenschaften von *H. t-liguricus,* beispielsweise Duft, aufweisen. Am vitalsten und robustesten im eigenen Garten erweisen sich regelmäßig seit vielen Jahren *H. t-abruzzicus*, *H. t-atroruben*s und *H. t-croaticus*, gefolgt von *H. t-dumetorum*, *H. t-odorus* und bestimmten Herkünften von *H. t-liguricus*. Problematisch können streng winterblühende Exemplare des *H. t-bocconei* aus Westsizilien sein, deren Blüten, wenn ungeschützt, bei strengem Frost beispielsweise im Januar, erfrieren. Hier hilft zeitweiliger Winterschutz mit den üblichen Mitteln.

Pflanzengestalt

Die Pflanzengestalt bezeichnet den Gesamtaufbau der Pflanze, den man als harmonisch oder als weniger harmonisch empfinden kann. Insbesondere eine kompakte und elegante Horstwirkung ist hier wichtig als Kriterium.

Blütenwirkung

Die Blütenwirkung ergibt sich aus einem Zusammenspiel von Blütenhaltung, Blütenform und Blütenfarbe. Dabei hat jede Blütengröße, jede Blütenform, jede Blütenhaltung und jede Blütenfarbe ihre eigenen Vorzüge und Nachteile. Es sollte sich für höchsten Gartenwert in der Sektion *Helleborastrum* aus den vier genannten Faktoren eine harmonische Gesamtwirkung ergeben.

Blattwirkung

Dies ist möglicherweise das subjektivste Bewertungskriterium, weil die Blätter nach der Blüte oftmals gar nicht mehr beachtet werden. Hier erscheint es wichtig, dass eine Pflanze im Garten möglichst lange zu einem harmonischen Gesamtbild beiträgt, und zu einem gelungenen Eindruck eines Gartens als „Gesamtkunstwerk" oder zumindest als bewusst angelegtes Menschenwerk einen konstruktiven Beitrag leistet. Die fein zergliederten Blätter von *H. t-abruzzicus, H. t-hercegovinus* und *H. t-serbicus* wirken wunderbar in der Gesellschaft anderer eher zierlicher, feinlaubiger Stauden oder Kleingehölze, während die breiten festen Blätter zum Beispiel von *H. t-orientalis* oder *H. t-odorus* sehr gut harmonieren mit massiveren Blättern kräftigerer Nachbarn.

Eine tabellarische Darstellung der subjektiven Bewertungen der *Helleborastrum*-Wildarten folgt auf Seite 203.

Ein Exemplar von *H. t-liguricus* aus einer winterkalten Herkunft von über 1200 m Höhe in der zweiten Aprilhälfte im Garten

Erläuterungen zur Tabelle Seite 201:

Blütezeit:	relativer Zeitraum des Blühbeginns, abhängig von Witterung
Frosthärte:	tatsächlich beobachtete Qualität während der aktuellen Blütezeit
Vitalität:	Wuchskraft, Horstbildung, Blütenreichtum, allgemeine Gesundheit
Pflanzengestalt:	harmonischer Aufbau der Gesamtpflanze
Blütenwirkung:	Präsentation der Blüten im Zusammenspiel von Haltung, Form und Farbe
Blattwirkung:	Präsentation und Zierwert der Blätter

–> ein Stern: geringste Bewertung; drei, bzw. fünf Sterne: höchste Bewertung

Gartenwert der Lenzrosenarten nach objektiven und subjektiven Kriterien

	objektive Kriterien (1–3 Punkte)			subjektive Kriterien (1–3 Punkte)			(1–5 Punkte)
t-Spezies	**Blütezeit**	**Frosthärte**	**Vitalität / Resistenz** gegen Schwarzflecken	**Pflanzengestalt**	**Blütenwirkung**	**Blattwirkung**	**Garten-Wert**
t-abchasicus	mittel	✦✦✦	✦✦ / ✦✦	✦✦✦	✦✦✦	✦✦	✦✦✦✦
t-abruzzicus	spät	✦✦✦	✦✦✦ / ✦✦✦	✦✦✦	✦✦✦	✦✦✦	✦✦✦✦✦
t-atrorubens	früh	✦✦✦	✦✦✦ / ✦✦✦	✦✦	✦✦✦	✦✦	✦✦✦✦
t-bocconei	Winter	✦✦	✦✦ / ✦✦	✦✦	✦✦	✦✦	✦✦
t-bosniacus	mittel	✦✦✦	✦✦✦ / ✦✦✦	✦✦✦	✦✦✦	✦✦✦	✦✦✦✦✦
t-croaticus	früh	✦✦✦	✦✦✦ / ✦✦✦	✦✦✦	✦✦	✦✦	✦✦✦✦
t-cyclophyllus	mittel	✦✦	✦✦ / ✦	✦	✦✦	✦✦	✦
t-dumetorum	mittel	✦✦✦	✦✦✦ / ✦✦✦	✦✦✦	✦✦✦	✦✦✦	✦✦✦✦✦
t-guttatus	mittel	✦✦✦	✦✦ / ✦✦	✦✦	✦✦✦	✦✦	✦✦✦✦
t-hercegovinus	spät	✦✦✦	✦✦ / ✦✦✦	✦✦✦	✦✦	✦✦✦	✦✦✦✦✦
t-liguricus (Tiefland)	früh	✦✦	✦✦ / ✦	✦✦	✦	✦✦	✦
t-liguricus (Hochland)	spät	✦✦✦	✦✦ / ✦✦✦	✦✦	✦✦✦	✦✦✦	✦✦✦✦
t-malyi	früh	✦✦✦	✦✦✦ / ✦✦✦	✦✦	✦✦✦	✦✦	✦✦✦✦✦
t-multifidus	mittel	✦✦	✦✦ / ✦✦✦	✦✦✦	✦✦	✦✦✦	✦✦✦
t-occidentalis	mittel	✦✦	✦✦✦ / ✦✦✦	✦✦	✦✦	✦✦✦	✦✦✦✦
t-odorus	mittel	✦✦	✦✦ / ✦✦	✦✦	✦✦✦	✦✦	✦✦✦
t-orientalis	mittel	✦✦✦	✦✦ / ✦✦	✦✦	✦✦✦	✦✦	✦✦✦✦
t-purpurascens	mittel	✦✦✦	✦✦ / ✦✦	✦✦	✦✦✦	✦✦	✦✦✦✦
t-serbicus	früh	✦✦✦	✦✦ / ✦✦✦	✦✦✦	✦✦	✦✦✦	✦✦✦✦
t-slovenicus	mittel	✦✦	✦✦ / ✦✦✦	✦✦	✦✦	✦✦	✦✦✦
t-viridis	mittel	✦✦	✦✦ / ✦✦	✦✦	✦✦	✦✦	✦✦

Ein Exemplar von *H. t-atrorubens* im Garten

Frischer Austrieb von *H. t-odorus* im Garten

Ein Exemplar von *H. t-bosniacus* im Garten

Ein sehr dunkles Exemplar von *H. t-atrorubens* im Garten

Oben & unten: Die harmonisch gegliederten Blätter von *H. t-bosniacus*, oben an einem vollsonnigen Platz, unten schattig unter einer hohen Strauchpäonie

H. t-atrorubens neben *Hacquetia epipactis* im Garten

Ein Exemplar von *H. t-multifidus* mit punktierten Blüten

Ein Exemplar eines „gefüllt" blühenden *H. t-abruzzicus* im Garten

Eine Gruppe von *H. t-bocconei* im Garten Anfang Dezember. Strengen Frost überleben die Blüten nicht, die Pflanzen überleben

Eine Gruppe von *H. t-abruzzicus* im Garten

Ein Exemplar von *H. t-bosniacus* im Garten

Ein Exemplar von *H. t-liguricus* im Garten mit natürlichen Begleitpflanzen *Pulmonaria officinalis* und *Hacquetia epipactis*

4.3 Krankheiten und Schädlinge

Neben der Schwarzfleckenkrankheit, die durch den Pilz *Coniothyrium hellebori* verursacht wird, tritt seltener der bekannte und gefürchtete **„Black Death“** auf, höchstwahrscheinlich verursacht durch ein Virus *(Helleborus net necrosis virus).* Diese Erkrankung äußert sich in schwärzlichen gezackten Streifen in Blättern und in Blüten, und ist nur durch eine sofortige, vollständige und nachhaltige Vernichtung der Pflanze zu bekämpfen, um eine Ausbreitung zu vermeiden.

Die Helleborusblattwespe

Wenig bis gar nicht bekannt scheint bisher die Helleborusblattwespe *(Monophadnus latus).* Sie ist vollkommen auf *Helleborus* spezialisiert und lebt auch nur dort. Bisher konnte der Autor sie im gesamten Verbreitungsgebiet wild wachsender *Helleborus*-Arten beobachten. Wenn Wildpflanzen am Naturstandort gesammelt werden, kann durch Unwissenheit hier viel Schaden in den Gärten entstehen.

In natürlichen Populationen ist regelmäßig sehr gut zu beobachten, dass praktisch nur blühende Pflanzen befallen sind, was vermutlich daran liegt, dass die erwachsenen Tiere (Imagines) dann fliegen und ihre Eier erst auf den Pflanzenorganen ablegen, wenn die Blütenstände entwickelt sind aber und die Blätter noch nicht. So wäre auch zu erklären, warum am Naturstandort auch kräftige Pflanzen manchmal nicht blühen, sondern nur ein einzelnes neues Laubblatt bilden, wenn sie im Jahr zuvor durch den Fraß der Larven dieser Blattwespe derart geschwächt waren, dass es nicht zu einer Blütenbildung kommen konnte. Der etwas spätere Austrieb der Blätter im Vergleich zu dem der Blütenstände wäre dann möglicherweise eine Anpassung der Pflanze durch starken Selektionsdruck mittels dieses Schädlings.

Es gibt Berichte, wonach die Helleborusblattwespe in den letzten Jahren in unseren Gärten in Mitteleuropa nach Norden hin vorzudringen scheint. Solange einzelne Pflanzen befallen sind, kann man durch Absammeln (Vorsicht, die Larven lassen sich bei Erschütterungen der Pflanze fallen) den Schaden abwenden oder eindämmen. Wo dies nicht mehr möglich ist, wird man mit Mitteln, die gegen Blattwespen wirken, vorgehen müssen. Auch Gelbtafeln während des sehr frühen Flugs der Imagines können hier gute Dienste leisten.

Schadbild durch das Virus *Helleborus net necrosis.* Zur Verhinderung einer Ausbreitung müssen die Pflanzen gründlich vernichtet werden.

Alle vier Bilder unten wurden an verschiedenen Wildstandorten in Slowenien, Kroatien und Italien aufgenommen

Erwachsenes Tier (Imago) einer Helleborusblattwespe im Frühling

Frühe Symptome: Punktuelle Fraßspuren geschlüpfter Larven

Schadbild: Larven haben ca. ein Drittel ihrer Endgröße erreicht

Schadbild: Ausgewachsene Larve beim Fressen

Abstract*

Part 1 – The *Helleborastrum*-Problem

The problem with *Helleborastrum* is a striking, often disturbing lack of consistency in the relation between the essentials of the current taxonomy, and the true and readily observable situation in wild populations of these plants. The specific manifestations of certain morphological characters by which current individual taxa are delimited are often strongly inconsistent, not only within the whole natural range of distribution of that taxon but also within individual local populations. The extent to which those critical morphological characters often vary from plant to plant can be so large in *Helleborastrum* as to greatly exceed the degree of natural phenotypic variation that can and must reasonably be expected within any population of the currently defined species. In plain words, the current taxonomy within that section all too often does not conform with the actual phenotypic variation in wild *Helleborastrum* populations (p. 54–75).

- As a result both in wild populations and in plants in cultivation greater uncertainty than desirable, or even sheer helplessness, prevails when it comes to identifying with any confidence the species status of whole populations or of individual plants.

Between nine and eleven species have been described in the literature since 1989, some of which contain a number of subspecies. In online publications we find between nine and seventeen species, part of which is due to a recent introduction of two new species, and some former subspecies being treated as species.

Part 2 – The Species Concept

The crucial point in the context of “species“ is the question of what a “species“ **is** or, rather what a “species“ **is supposed to be**. While “species“ is probably the most widely and superficially used term in taxonomic hierarchy, it is at the same time the most ill-defined and ambiguous one. All too often taxonomists on *Helleborastrum* do not explicitly state what they mean by the term “species“ and make use of the word as if everyone knew what they mean and as if there was general agreement on an unambiguously clear and objective meaning of the term. That is by far not the case. The term actually denotes and refers to a highly abstract and subjective mental construct that, in the absence of a clear definition, is subject to personal experience and view.

Two possible views here are that of the evolutionary biologist on one hand, and the botanical fieldworker on the other. The former tries to understand and describe the development of life and life forms on earth, while the latter tries to understand which concrete plant he has found in a given habitat. Are biological concepts as opposed to morphological classification concepts competing or complementary approaches? Do all plants in a reproductive community belong to the same species? Do all plants that exhibit the same morphology belong to the same species – and, if so, what degree of sameness is adequate? Often both conditions mentioned above will coincide in wild populations, but there will be cases where morphology in a given population varies to such an extent that morphology-based taxonomy becomes problematic.

Probably a “unified species concept“ that would cover all biological and morphology-based taxonomic needs is unlikely to be found and defined, as desirable as such a concept would certainly be. In academia by the year 2006 no less than 26 different species definitions had been brought forward, all of which however fall more or less either into the category of a biological species concept or the class of a pragmatic morphological species concept.

* some of the central aspects and a joint English text version of the ideas presented here have evolved in close cooperation with Will McLewin as a result of joint fieldwork since 2002 and subsequent discussions of taxonomic concepts for *Helleborastrum*.

Many authors on plant taxonomy have a long standing tradition of not mentioning, let alone explaining, the species concept they have in mind when they classify any given genus into "species". So, what in fact seems to happen is that each of these authors uses his or her own implicit species concept, leaving it to the reader to "understand", actually interpret, what might be meant by the term "species". And, despite of this lack of explicitness, this approach seems both pragmatic and reasonable, and mostly it works quite well when the purpose is to classify the morphological entities within a particular genus in a **useful** and **helpful** way.

So, while generally accepting such a specifically adequate and appropriate approach to a morphological classification of any particular genus, it seems imperative however, at the beginning of any such treatise, to clearly state the fundamental nature of the species concept one has in mind while approaching a taxonomy. Is it meant to designate the **Biological Species Concept:**

- "Species are groups of actually or potentially interbreeding natural populations, that are reproductively isolated from other such groups." (Mayr 1940)

Or is it meant to designate a "pragmatic", **morphology-based species concept:**

- "Species are the smallest groups that are consistently and persistently distinct, and distinguishable by ordinary means." (Cronquist 1978)

The central problem often, and certainly with *Helleborastrum,* arises from the indiscriminate use of the term "species" for the two clearly disparate approaches at the essential nature of "species". While the former represents an abstract universal concept the latter is a means of pragmatically classifying morphological entities and thus forming diverse taxa.

A customised solution for the *Helleborastrum*-problem will be a concept in which the ambiguous term "species" is split up into two clearly defined and unambiguous terms, each of them designating a distinct entity within the genus *Helleborus*. The well established term "species" is preserved, and for each of the two different purposes is given appropriate precision by simply adding a qualifying prefix:

the b-species: the **biological category**
– the totality of all *H. Helleborastrum* populations as an (potentially) interbreeding community

the t-species: the **morphological taxon**
– groups of wild *Helleborastrum* populations that are consistently and persistently distinct, and distinguishable from other such groups by ordinary means

A simplified diagram for the t-species concept:

A local population of *H. Helleborastrum* with a

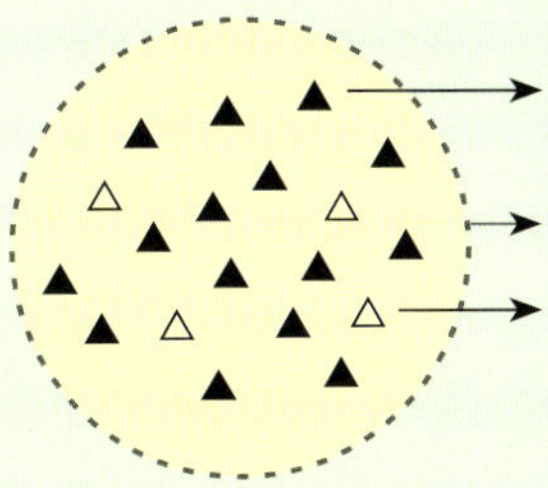

significant ratio of e.g. *t-atrorubens* plants constitutes a ***t-atrorubens* population** with some unclassified individuals

H. Helleborastrum < ▲ → *H. t-atrorubens*; △ → unclassified

In the morphological concept of t-species *Helleborastrum* is classified into groups of stringently defined taxonomic classes (p.102 and following).

The status of a population is determined by the presence or absence of a **significant ratio of t-species** plants within that population. All groups of plants that do not match the strict morphological t-species delimitations are **unclassified** and can merely be identified as members of *H. Helleborastrum*.

Part 3 An Adequate Order

– Extensive and repeated examination of many wild populations and of collected plants in cultivation, in the light of the species concept portrayed in Part 3, leads unavoidably to some adjustments to the present species list.
– The most significant change needed concerns *torquatus*, where the present situation is unsatisfactory for two reasons: First, the range of morphological variation in populations of plants currently covered by the name is too wide to be helpful. In practice the use of the name is largely confined to those plants within the current species that have, in some sense, purple flowers, and the revision acknowledges this. Second, and crucially, in the three relevant geographical areas there are distinct morphological characteristics that support the separation into three t-species, namely *t-bosniacus, t-malyi* and *t-serbicus*. The name *"torquatus"* then becomes that of a lost particular example of doubtful garden origin.

The revision of *torquatus* and the proposal of *H. t-bosniacus* has closely and thoroughly been discussed between Will McLewn and the author over several years of cooperation and extensive joint fieldwork on the Balkans since 2006.
– In accordance with the principle of priority the correct name for McLewin's 2019 *H. t-gočensis* is *H. t-serbicus* Adamović 1906. (see p. 178)
– Another significant change is the removal of *istriacus* from the list.
– A new t-species, *t-slovenicus* is proposed on the basis of a combination of consistently very distinctive morphology of flower colour, flower size, leaf morphology and a very conspicuous morphology of the nectar leaves.

Thus the **alphabetical list** of 20 *Helleborastrum* t-species for more detailed discussion becomes:

- *t-abchasicus*
- *t-abruzzicus*
- *t-atrorubens*
- *t-bocconei*
- *t-bosniacus*
- *t-croaticus*
- *t-cyclophyllus*
- *t-dumetorum*
- *t-guttatus*
- *t-hercegovinus*
- *t-liguricus*
- *t-malyi*
- *t-multifidus*
- *t-occidentalis*
- *t-odorus*
- *t-orientalis*
- *t-purpurascens*
- *t-serbicus*
- *t-slovenicus*
- *t-viridis*

It is helpful to pragmatically separate the list of t-species into smaller groups based on flower colour and flower size, with the order within the groups being based on the number of leaflets:

- Group 1: Flower colour green to yellow, small flowers, very few to few leaf segments: *t-occidentalis, t-slovenicus, t-dumetorum, t-multifidus, t-hercegovinus.*
- Group 2: Flower colour green to yellow, large flowers, few to very many leaf segments: *t-odorus, t-cyclophyllus, t-viridis, t-abruzzicus.*
- Group 3: Flower colour white to whitish green, large flowers, very few to many leaf segments: *t-liguricus, t-bocconei.*
- Group 4: Caucasian group: Flower colour white/whitish to pink, large flowers, few leaf segments, free carpels: *t-orientalis, t-guttatus, t-abchasicus.*
- Group 5: Flower colour purple, small flowers, few to many leaf segments: *t-atrorubens, t-croaticus, t-bosniacus, t-malyi, t-serbicus.*
- Group 6: Flower colour purple, large flowers, few to many leaf segments: *t-purpurascens.*

Résumé

The b- and t-species approach enables a robust and very clear categorisation and classification of the section *Helleborastrum.*
– In the wild the basic morphology will almost always be adequate to determine the most appropriate t-species name. When it is, the population consists of t-species plants and usually of an unclassified rest.
– In cultivation, where there is wild provenance, a plant will be a t-species plant if it fits the relevant description. If it does not then it is an unclassified member of *H. Helleborastrum.*
In the absence of reliable wild provenance, *H. t-xxx*-type is the appropriate name to assign if the morphology meets the relevant description, and *H. Helleborastrum* if it does not.

Comments

McLewin's "p-species"-Concept

In the context of his species concept Will McLewin (2019, p.105) has proposed an additional, third species category, which he calls "p-species". These "p-species", he summarises

> *"... are the entirety of the one or many t-species colonies of that name and are identified as such by the presence of the t-species plants. They are defined by their provenance or location and the corresponding t-species."*

McLewin's "p-species" concept conflates definite spatial criteria (the location of "colony" or "colonies"), biological criteria (the "colony" as a reproductive community) and strictly morphological criteria (the eponymous t-species) into a new "species" category. The two fundamentally disparate concepts of b-species as a **biological category** and of t-species as a **morpholgically delimited class** – a taxon within the category of the b-species – are mixed up and the result is a strongly contrived hybrid "b-t-species"-concept attempting to bundle together such irreconcilable concepts as biological, morphological and even spatial. Moreover, in every single case of concrete identification of a cultivated individual, it would depend on the totally non-taxonomic criterion of exact provenance, i.e. reliable, up-to-date (local populations can emerge and disappear) and very detailed knowledge about the t-species status of the population of origin.These requirements are not only utterly unrealistic but they are also incompatible with taxonomic criteria. Hence, I regard the proposed "p-species" concept as erroneous and misguided both in a taxonomic and in a practical sense.

McLewin's Taxon *t-istriacus*

The biggest irritation in the group of large, green flowered *Helleborastrum* taxa has so far been the traditional taxon *H. istriacus*, which can, strictly empirically, by none of its characters be reasonably delimited from *t-viridis*. The measured range of flower size in all so called *istriacus* populations can adequately be given as 3,5–5 cm (Brian Mathew, 1989, gives 4–5,5 cm), in traditional *t-viridis* populations it is 4–6 cm. Leaf morphology in populations of so called *istriacus* and *t-viridis* is actually identical.

Following Will MyLewin's (2019) proposal for two separate taxa, *t-viridis* and *t-istriacus* with his ranges for

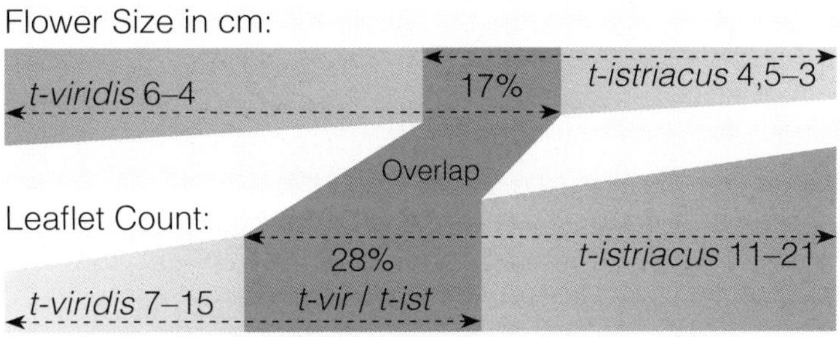

would mean to allow for an extremely large range of morphological overlap between *t-viridis* and his "*t-istriacus*". This large overlap would actually result in many populations and also numerous individual plants that qualify at once for *t-viridis* and *t-istriacus* status, and it would also allow for too many cases where two different t-species plants occur side by side in one local t-species population. These results would unacceptably thwart the concept of sharply delimited t-species, and hence I strictly reject Will McLewin's taxon "*t-istriacus*".

For a sufficiently clear cut delimitation of "*t-istriacus*", the so far good taxon *t-viridis* would have to be broken up by 50%, only to retain a still very dubious classification: In populations of both these forcibly contrived t-species taxa there would still be the taxonomically totally unsatisfactory situation of large proportions of individuals belonging to the always other taxon. That, however, would in my opinion be unacceptable in the proper sense of a reasonable, unambiguous and helpful classification. My view in this matter is that the former taxon *istriacus* is naturally and reasonably best merged into *t-viridis* with flower size 4–6 cm and leaflet count 7–19 (compare p. 136).

Ausgewählte Literaturhinweise

Zur Gattung *Helleborus*

Monografien

Ahlburg, Marlene: Helleborus – Nieswurz, Lenzrosen, Schneerosen. Eugen Ulmer, Stuttgart (1989)
Bavcon, Jože, Eler, Klemen, Šušek, Andrej: Hellebores (*Helleborus* L.) in Slovenia. University Botanic Gardens Ljubljana, Ljubljana (2012)
Burrell, C. Colston & Knott Tyler, Judith: Hellebores, A Comprehensive Guide Timber Press, Portland (2006)
Martinis, Zlatan: Helleborus. In Analiticka flora Jugoslavije: 231–243 (1973)
Mathew, Brian: Hellebores. Alpine Garden Society, Woking (1989)
McLewn, Will: Helleborus and the Helleborastrum Problem. Wellesley-Cambridge Press (2019)
Rice, Graham & Strangman, Elizabeth: The Gardener's Guide to Hellebores. David & Charles, Newton Abbot, Devon (1993)
Schiffner, Viktor: Monographia Helleborororum; Kritische Beschreibung aller bisher bekannt gewordenen Formen der Gattung Helleborus. – In: Verhandlungen der Kaiserlichen Leopoldinisch-Carolinischen Deutschen Akademie der Naturforscher, Band 56, Halle: 3-199 (1891)

Zeitschriftenartikel

Adamović, L.: Eine neue Helleborus-Art aus Serbien. In Magyar Botanikai Lapok (Ungarische Botanische Blätter) 1906: 221
McLewin, Will: Mathew, Brian & Thomsen, Matthias: Helleborus bocconei and the Hellebores of Italy. In: The Plantsman (2006), Vol. 5: 228–237
Merxmüller, H. und Podlech, D.: Über die europäischen Vertreter von Helleborus sect. Helleborus In: Feddes Repertorium Spec. Nov. Band 64: 2–8 (1961-62)
Sun, H., McLewin, W., Fay, M.: Molecular phylogeny of Helleborus (Ranunculaceae), with an emphasis on the East Asian-Mediterranean disjunction. In: Taxon 50: 1001–1018 (2001)
Thomsen, Matthias: Zwei neue italienische Helleborus-Arten. In: Gartenpraxis 03: 18–22 (2008)
Werner, K. und Ebel, F.: Zur Lebensgeschichte der Gattung Helleborus L. (Ranunculaceae) In: Flora 189: 97–130 (1994)

Zu Speziesdiskussion und Klassifikation

Monografien und Zeitschriftenartikel

Barthlott, T., Mutke, J., Rafiqpoor, D., Kier, G. und Kreft, H.: Global Centers of Vascular Plant Diversity. In: Nova Acta Leopoldina, Band 92: 61–83 (2004)
Bock, Walter J.: Species concepts versus species categories versus species taxa. In: Acta Zoologica Sinica 52 (Supplement: 421–424 (2006)
Cronquist, Arthur: The Evolution and Classification of Flowering Plants, The New York Botanical Garden (1988)
de Queirotz, Kevin: A Unified Concept of Species and its Consequences for the Future of Taxonomy. In: Proceedings of the California Academy of Sciences, Volume 56 (Suppl. 1), No.18: 196–215 (2005)
de Queirotz, Kevin: Species Concepts and Species Delimitation. In: Syst. Biol. 56 (6): 879–886 (2007)

Grant, V.: Plant Speciation. Columbia University Press, New York and London (1971)
Hausdorf, Bernhard: Progress toward a General Species Concept. In: Evolution 65-4: 923–931 (2011)
Hey, Jody: Genes, Categories, and Species, The Evolutionary and Cognitive Cause of the Species Problem. Oxford University Press (2001)
Lauber, Konrad und Wagner, Gerhard: Flora Helvetica. Verlag Paul Haupt, Bern, Stuttgart, Wien (2001)
Linné, Carl v.: Species Plantarum. Wentworth Press, United States (1759, Reprint 2019)
Mayden, R. L.: A hierarchy of species concepts: The denouement in the saga of the species problem. In: M. F. Claridge, H. A. Dawah, and M. R. Wilson (Hrsg.): Species: the units of biodiversity: 381–424, Chapman and Hall, London (1997)
Mayr, Ernst: Systematics and the Origin of Species from the Viewpoint of a Zoologist. Harvard University Press, Cambridge, Massachusetts; London, England (1942, reviewed 1970, reprint 1999)
Mayr, Ernst: Artbegriff und Evolution. Paul Parey, Hamburg und Berlin (1967)
Mayr, Ernst: What Is a Species, and What Is Not? In: Philosophy of Science, Vol. 63, No. 2: 262–277 (1996)
Mayr, Ernst: This is Biology – The Science of the Living World. The Belknap Press of Harvard University Press, Cambridge, Massachusetts; London, England (1997)
Mayr, Ernst: Two Empires or three? In: Proceedings of the National Academy of Sciences, USA, Vol. 95: 9720–9723 (1998)
Mayr, Ernst: What Evolution Is. Basic Books, New York (2001)
Sokal, Robert and Crovello, Theodore J.: The Biological Species Concept: A Critical Evaluation. In: The American Naturalist Volume104, Nr. 936: 127–153 (1970)
Stuessy, Tod F., Hörandl, Elvira, Mayer, Veronika (Hrsg.): Plant Systematics – A Half-Century of Progress (1950–2000) and Future Challenges. International Association for Plant Taxonomy, Wien (2001)
Wägele, Johann-Wolfgang: Grundlagen der Phylogenetischen Systematik. Verlag Dr. Friedrich Pfeil, München (2001)
Wheeler, Quentin & Meier, Rudolf (Hrsg.): Species Concepts and Phylogenetic Theory. Columbia University Press, New York (2000)

Bildnachweis

Niklas Stork:	Seite 39 unten rechts
	Seite 124 oben
	Seite 160 unten rechts
Sabine Roth:	Seite 90, Meriangärten, Basel
Michael Dreisvogt:	Seite 91, Arboteum Park Härle, Bonn-Oberkassel
Matthias Thomsen:	alle sonstigen Bilder und alle Illustrationen

Anhang – Glossar wichtiger Begriffe

Adventivwurzel: sprossbürtige Wurzel, aus einer Sprossachse hervorbrechend
Blattachsel: Bereich, an dem die Blattstieloberseite und die Sprossachse ineinander übergehen
Blattspreite: Blattfläche (im Gegensatz zu den Blattrippen)
Cuticula: wachsartiger Überzug auf der Epidermis
Epidermis: oberflächliches Abschlussgewebe der Pflanzenorgane
Fortpflanzungsgemeinschaft: Gesamtheit aller jener Pflanzen, die beteiligt sind an der Fortpflanzung
Genpool: Gesamtheit aller Genvarianten in einer Population
Geologischer Zeitraum: Erdgeschichtlicher Zeitraum gemessen in Millionen Jahren
Geomorphologie: Formen und formbildende Prozesse der Oberfläche der Erde
Habitat: Lebensraum
Habitus: äußere Erscheinung der Pflanze
Herbarium: wissenschaftliche Sammlung konservierter (getrockneter und gepresster) Pflanzen
homogen: einheitlich, gleichmäßig beschaffen
Hybride: Individuum, entstanden aus einer Kreuzung verschiedener Arten oder Gattungen
Klasse: Rang in der biologischen Taxonomie
Klassifikation: Ergebnis der Klassifizierung als Sammlung von Klassen
Klassifizierung: Zusammenfassung von Objekten zu Klassen
Konsistenz: Widerspruchslosigkeit, Stimmigkeit
Laubverhalten: immergrün oder einziehend
Merkmal: Eigenschaft einer Art, die zu deren Unterscheidung verwendet wird
Mittelrippe: zentrales Leitbündel des Blattes und des Teilblättchens
Morphologie: Struktur und Form der Pflanze und der Pflanzenorgane
morphologische Ausprägung: tatsächliche morphologische Erscheinungsform, Manifestation
morphologische Struktur: grundsätzlicher Bauplan
Niederblatt: klein und einfach gestaltet, schuppenförmig, nicht grün, unterhalb der Laubblätter
Nomenklatur: wissenschaftliche Benennung
phänotypische Variation: Unterschiede von Merkmalen zwischen Mitgliedern derselben Spezies
Population: Gruppe von Individuen, die alle zu derselben Fortpflanzungsgemeinschaft gehören
Primärblätter: folgen auf die Keimblätter und sind ebenfalls noch einfach gestaltet
Provenienz: Herkunft
reproduktiv: beteiligt an geschlechtlicher Fortpflanzung
Revision: hier: Überarbeitung einer Systematik
Rhizom: unterirdisch wachsende Sprossachse; durch Verzweigung Verbünde von Sprossachsen
Spezies: Art, Grundeinheit der biologischen Systematik
Speziesbegriff: grundsätzliche Vorstellung davon, was eine Spezies ist
Spezieskonzept: konkret formuliertes und definierendes Gedankengerüst, was eine Spezies sei
Taxon: Einheit in der Systematik der Biologie
Taxonomie: Verfahren, mit dem Rangordnungen erstellt werden
Terminalblüte: Blüte, mit der jeder Zweig des Blütenstandes endet
Tragblatt: Hochblatt, das in seiner Blattachsel einen Seitenspross trägt